JN001275

▶2022年版
機械設計技術者試験問題集

一般社団法人
日本機械設計工業会［編］

はじめに

(一社)日本機械設計工業会は、永年にわたり慎重に調査研究を続け、平成7年度に機械設計技術者1級、2級の資格制度を設立し、平成8年3月10日に第1回の資格試験を実施した。その後、毎年、定期的に機械設計技術者1、2級の資格試験を実施し、平成10年度より機械設計技術者3級試験も実施され、毎年、定期的に実施されている。

本書は、機械設計技術者の資格試験を受験しようとする人々のために、まず、(一社)日本機械設計工業会による機械設計技術者資格制度の内容について解説し、次いで、資格試験のうち学科試験の問題と解答例を紹介するものである。

本書において収録されている問題は、長年月にわたって機械工学および機械設計について研究している人々と、機械設計の実務経験が豊富なエキスパートとが作成したものであり、昨年度の資格試験に出題された問題が収録されている。

機械設計技術者の資格試験を受験しようとする人々は、本書の問題を解いてみることによって、1級、2級あるいは3級の資格が認定されるためには、どの程度の学力が要求されるかを知ることができる。このことは、資格試験の受験準備に利用できると同時に、日常の機械設計業務に活用できる知識の整理にも役立つであろう。

機械設計技術者の資格試験を受験しようとする方々、および一般に機械設計の実務に従事している方々が本書を読んでくださることを切望する。

本書は、読者より寄せられた御意見を参考にして改めていくので、今後も本書の内容について自由で積極的な御意見を寄せられることを期待する。

執筆者一同は、読者からの御意見を参考にして、本書の内容をさらに改善する機会をもつことができれば幸いである。

2022年7月

編者

機械設計技術資格認定制度について

機械産業は、わが国の産業・経済の成長・発展の原動力となってきたが、さらに近年、新技術開発による製品の高度化・複合化・多様化が進み、また製造物責任・環境保全の重要性が高まり、これらに対応するため設計の重要性はますます高まっている。

生産活動の中において、設計業務は、とくに人間に依存するところが多く、それぞれの企業、さらには、わが国の機械産業にとって、設計技術者の能力の向上は重要な課題となっている。

このように重要な設計技術者の能力を認定する資格制度を求める声は、古くからあがっていたが、建築士などのように安全確保の上から法的に規定される、いわゆる制限資格とならず、また、機械設計の関連技術の深さ、設計対象の多様性など能力認定の難しさから検討は行われたが、具体化するに至らなかった。

しかし、資格制度の必要性と強い要望から、あらためて（一社）日本機械設計工業会において、これを取りあげ、基本的な事項から、学識経験者と設計関係者により調査研究を進めてきた。

この調査研究の中で、機械産業に属する企業および機械設計を事業とする企業の意向調査（アンケート）を行ったが、この資格制度は、設計技術者がこれを目標とすることにより、設計能力の向上を図ることができるとの意見がもっとも多く、このほか、機械設計技術者の社会的評価の向上などを期待する意向も示され、この資格制度の有用性が改めて確認された。

このような調査研究を踏まえ、この制度が、公正かつ適正に運営し、所期の目的を達成されるよう所管官庁の指導を得て検討を行い、認定試験の実施内容を定め、実施体制を整え、諸準備を行い、第1回の1、2級の試験を平成8年3月10日に実施、その後3級を創設し、第1回の試験を平成10年11月29日に実施し、以後毎年1回試験を行っている。

編者

機械設計技術者認定制度概要

1. 目的

安全で効率のよい機械を経済的に設計する機械設計技術者の能力を公に認定することにより、機械設計技術者の技術力の向上と、適正な社会的評価の確立を図り、もってわが国の機械産業の振興に寄与することを目的とする。

2. 資格認定者の称号と認定される能力・知識

名　称	認定される能力・知識
1級機械設計技術者	① 設計における総合的な基礎知識と、その応用能力 ② 自己が選択する専門分野の設計に関る基礎知識と実務応用能力 ③ 設計管理に関する知識と能力
2級機械設計技術者	機械設計における総合的な基礎知識と、その応用能力
3級機械設計技術者	機械設計に関連する基礎工学の知識

3. 実施団体

一般社団法人　日本機械設計工業会

なお，所轄官庁の指導と関連団体の協力を得る.

表 1. 機械設計の業務分類と機械設計技術者試験の関係

<table>
<tr><th>機械設計の基本分類</th><th>機械設計の業務分類</th><th>業　務　の　概　要</th><th>機械設計技術者試験</th></tr>
<tr><td>基本設計</td><td>基本設計</td><td>主として、機械や装置の基本仕様決定のための基本計算や基本構想図を作成するなどの基本設計業務および設計の総合管理業務。</td><td rowspan="2">1級機械設計技術者</td></tr>
<tr><td rowspan="2">計画設計</td><td>計画設計Ⅰ</td><td>主として、基本設計に基づき、機械や装置の機能・構造・機構などの具体化を図る計画設計業務および設計の総合管理業務。</td></tr>
<tr><td>計画設計Ⅱ</td><td>主として、基本設計を基に、実績のある機械や装置参考例を応用して、機能・構造・機構などの具体化を図る類似計画設計業務。</td><td rowspan="2">2級機械設計技術者</td></tr>
<tr><td rowspan="3">詳細設計</td><td>詳細設計Ⅰ</td><td>主として、機能・構造・機構などが具体化された計画設計を基に、機械や装置の部分や個々の部品の詳細事項について、計算や図面などの作成を行う詳細設計業務。</td></tr>
<tr><td>詳細設計Ⅱ</td><td>主として、機械や装置の詳細設計業務の補佐、並びに関連する製図などの業務。</td><td rowspan="2">3級機械設計技術者</td></tr>
<tr><td>詳細設計Ⅲ</td><td>主として、機械や装置の詳細設計に関連する製図の補佐作業で、その都度の指示または定められた手順に基づき実施する業務。</td></tr>
</table>

※　一般社団法人 日本機械設計工業会発行「機械設計業務の標準分類」による。

令和４年度　機械設計技術者試験案内

1. 試験日時

令和４年（2022年）11月20日（日）（予定）

2. 受験申請期間

令和４年７月20日（水）～令和４年９月30日（金）（予定）

3. 試験科目

1級機械設計技術者試験

科目	内容
設計管理関連課題	機械設計に関わる管理・情報等に対する知識
機械設計基礎課題	機械設計の基本となる計算課題を含む知識
環境経営関連課題	機械設計の管理者として必要な環境・安全に対する知識
実技課題（問題選択方式）	設計実務に関わる計算を主体とした問題が複数出題され、その中から指定された問題数を選択して解答
小論文	出題テーマから１つを選択し、1,300～1,600字程度の論文を作成

※　実技課題は、５問出題中３問選択。

2級機械設計技術者試験

分野	内容
機械設計分野	機構学、機械要素設計、機械製図、関連問題
力学分野	機械力学、材料力学、関連問題
熱・流体分野	熱工学、流体工学、関連問題
材料・加工分野	工業材料、工作法、関連問題
メカトロニクス分野	制御工学、デジタル制御、RPA、自動化技術、他
環境・安全分野	機械設計技術者としての環境・安全の知識
応用・総合	機械工学基礎、機械工学基礎に関する知識の設計への応用ならびに総合能力

3級機械設計技術者試験

科目	内容
機械工学基礎	機構学･機械要素設計、機械力学、制御工学、工業材料、材料力学、流体力学、熱工学、工作法、機械製図

4. 受験資格

試験を受けるためには、機械設計に関する実務経験が必要です。実務経験年数は、下記の「受験資格一覧表」のとおり学歴に応じて決められており、この要件を備えている必要があります。

受験資格一覧表

<table>
<tr><th colspan="2" rowspan="3">最終学歴</th><th colspan="5">実務経験年数</th></tr>
<tr><th colspan="2">1級</th><th colspan="2">2級</th><th rowspan="2">3級</th></tr>
<tr><th>直接受験</th><th>2級取得者</th><th>直接受験</th><th>3級取得者</th></tr>
<tr><td rowspan="2">工学系</td><td>大学院・大学
高専専攻科
高度専門士</td><td>5年</td><td rowspan="3">2級取得後、
次年度から
受験可能</td><td>3年</td><td>2年</td><td rowspan="3">実務経験不問</td></tr>
<tr><td>短大・高専
専門学校</td><td>7年</td><td>5年</td><td>4年</td></tr>
<tr><td colspan="2">高校・その他</td><td>10年</td><td>7年</td><td>6年</td></tr>
</table>

※1. 1級直接受験の場合、当団体指定の職務経歴書を提出していただき受験資格審査を受けていただく必要があります。

※2. 職業能力開発大学校（旧職業訓練大学校）は4年制大学卒業者として、また、同短期大学校（旧職業訓練短期大学校）は短大卒として扱います。

※3. 高校卒業後の職業能力開発校（旧職業訓練校）2年制卒業者は、専門学校卒として扱います。

※4. その他、受験資格に該当しない受験者の扱いについては、審査委員会で適宜検討を行い決定します。

5. 受験料（税込）

受験区分	受験料
1級	33,000円
2級	22,000円
3級	8,800円

※1級受験資格審査（1級直接受験の際の資格審査）
5,500円

- 平成27年度から受験申請は、原則WEB申請となっています。
- 以下のページで、試験実施に関するお知らせを順次掲載しています。受験される方は定期的に確認してください.
  https://www.kogyokai.com/exam/

目次

令和３年度　３級　機械設計技術者試験

令和３年度　２級　機械設計技術者試験

令和３年度　１級　機械設計技術者試験

令和３年度

機械設計技術者試験
３級　試験問題Ⅰ

第１時限（120分）

1. 機構学・機械要素設計
4. 流体工学
8. 工作法
9. 機械製図

令和３年11月21日　実施

〔1. 機構学・機械要素設計〕

1 軸受とは、回転軸を支える機械要素の総称であり、大別すると「転がり軸受」と「すべり軸受」に分けられる。次の表は、その両者を比較してまとめたものである。空欄【Ａ】～【Ｋ】に最も適切な語句を下記の〔語句群〕から選び、その番号を解答用紙の解答欄【Ａ】～【Ｋ】にマークせよ。ただし、重複使用は不可である。

	転がり軸受	すべり軸受
軸受剛性	ラジアル荷重に対して、軸心がどのくらい変位するのかの特性であり、軸の剛性を高める（軸心位置の変化量を少なくする）ために【Ａ】を与える	軸受すきまが必要であるが、設計に際して、理論上、【Ｂ】を大きくし、【Ｃ】を小さくする。このため、軸受すきまや平均軸受圧力を考慮する
軸受許容荷重	玉軸受は点接触に近いので【Ｄ】荷重には不向きであり、その場合には、ころ軸受を用いる	【Ｅ】が大きいので有利であるが、スラスト、ラジアル両方の荷重を１個の軸受では受けられない
高速回転	転動体（球・ころ）の【Ｆ】が増大し、【Ｇ】の軌道面に大きな力が作用し、【Ｈ】を縮めてしまう。そのため、比重の小さいセラミック球などが用いられる	潤滑油の【Ｉ】が生じるため、空気軸受、磁気軸受などが用いられる
軸受寿命	静荷重下でも軌道面には繰り返し応力を受けるので、必ず一定の回転数に達すると寿命になる。これは、接触部にヘルツ応力が作用し、軌道面に【Ｊ】が生じるからである	流体潤滑状態では【Ｋ】が介在し、【Ｅ】も大きいので、静荷重下では寿命は極めて長い。衝撃荷重が加わっても、減衰され有利である

〔語句群〕

① 遠心力	② 大きな	③ 外輪	④ 軸受投影面積
⑤ 寿命	⑥ ゾンマーフェルト数	⑦ 小さな	⑧ 疲れはく離
⑨ 粘性抵抗	⑩ 偏心率	⑪ 油膜	⑫ 予圧

2 2軸の連結用として用いられるフランジ形固定軸継手について、継手ボルトのリーマ部直径 $a = 14$mm、継手ボルトの数 $n = 4$ 本、ボルト穴のピッチ円直径 $B = 85$mm、軸継手の回転速度 $N = 75\ \mathrm{min}^{-1}$ とするとき、次の設問（1）～（3）に答えよ。
ただし、継手ボルト材の許容せん断応力 $\tau_a = 40$MPa とし、フランジ接触面間の摩擦は考えないものとする。

（1）ボルト1本当たりの最大せん断荷重 P[kN] を計算し、最も近い値を下記の〔数値群〕の中から選び、その番号を解答用紙の解答欄【A】にマークせよ。

〔数値群〕単位：kN

① 3.98　② 4.48　③ 4.91　④ 5.56　⑤ 6.15　⑥ 6.88

（2）この継手の伝達トルク T[N·m] を計算し、最も近い値を下記の〔数値群〕の中から選び、その番号を解答用紙の解答欄【B】にマークせよ。

〔数値群〕単位：$\times 10^3$ N·m

① 0.75　② 1.05　③ 1.34　④ 1.69　⑤ 1.99　⑥ 2.35

（3）この継手の伝達動力 H[kW] を計算し、最も近い値を下記の〔数値群〕の中から選び、その番号を解答用紙の解答欄【C】にマークせよ。

〔数値群〕単位：kW

① 3.41　② 4.53　③ 5.84　④ 7.11　⑤ 8.24　⑥ 9.66

3

平行掛けの平ベルトの伝動装置で、軸間距離 $C = 1.8$m、原車プーリ直径 $d_1 = 250$mm、従車プーリ直径 $d_2 = 500$mm とするとき、次の設問（1）～（3）に答えよ。ただし、ベルトは滑らないものとし、ベルトとプーリの間の摩擦係数 $\mu = 0.3$、ベルトの単位長さの質量 $m = 0.2$kg/m とする。

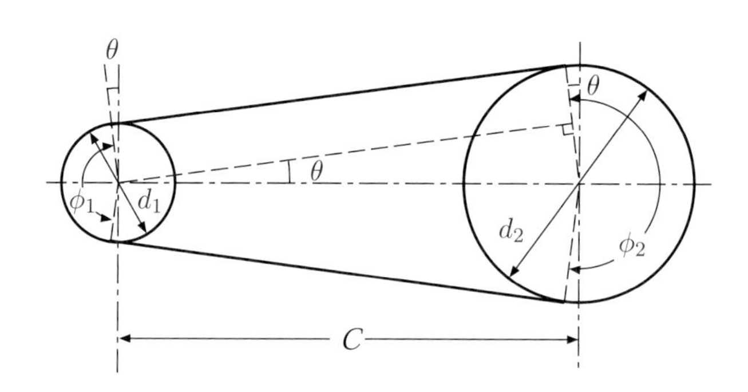

（1）従車プーリの巻き掛け角 ϕ_2［度］を計算し、最も近い値を下記の〔数値群〕の中から選び、その番号を解答用紙の解答欄【A】にマークせよ。

［参考］角 θ を微小と見なせば、$\sin\theta \approx \theta$ と近似できる。

〔数値群〕単位：度

① 172　② 178　③ 183　④ 188　⑤ 192　⑥ 198

（2）ベルトの長さ L［m］を計算し、最も近い値を下記の〔数値群〕の中から選び、その番号を解答用紙の解答欄【B】にマークせよ。

［参考］$\cos\theta = 1 - \dfrac{1}{2!}\theta^2$ の関係がある。

〔数値群〕単位：m

① 3.89　② 4.27　③ 4.79　④ 5.13　⑤ 5.62　⑥ 6.02

（3）原車プーリの回転速度 $N_1 = 1350\text{min}^{-1}$、有効張力 $T_e = 30$N、ベルトに作用する遠心力を無視しないものとする。ゆるみ側のベルトの張力 T_2［N］を計算し、最も近い値を下記の〔数値群〕の中から選び、その番号を解答用紙の解答欄【C】にマークせよ。

［参考］$\dfrac{T_1}{T_2} = e^{\mu\phi}$　（アイテルワインの式）

〔数値群〕単位：N

① 75.4　② 83.2　③ 91.2　④ 103　⑤ 112　⑥ 125

〔4. 流体工学〕

1 次の設問（1）～（8）は流体工学関連について記述したものである。各設問の答えとして最も適切な番号を解答用紙の解答欄【 A 】～【 H 】にマークせよ。

（1）以下の5つの水温の中で、水の密度が最も大きいのはどれか。その番号を解答用紙の解答欄【 A 】にマークせよ。

① 0 ℃　② 5 ℃　③ 10 ℃　④ 100 ℃　⑤ 200℃

（2）20℃の水と空気の物理量を比べたとき、以下の5つの物理量のうち、空気の物理量が大きいのはどれか。その番号を解答用紙の解答欄【 B 】にマークせよ。

① 比重量　② 動粘度　③ 密度　④ 粘度　⑤ 質量

（3）微差圧を測定するために最も適したものはどれか。その番号を解答用紙の解答欄【 C 】にマークせよ。

① トリチェリのマノメータ　② ピエゾメータ　③ 傾斜マノメータ
④ 管オリフィス　⑤ ピトー管

（4）台風はどの渦に最も似ているか。その番号を解答用紙の解答欄【 D 】にマークせよ。

① 自由渦　② 強制渦　③ 渦度　④ ランキンの組合せ渦　⑤ カルマン渦

（5）呼び径が同じである弁（バルブ）のうち、バルブ開度が全開のとき、最も損失が大きいのはどれか。その番号を解答用紙の解答欄【 E 】にマークせよ。

① ボール弁　② 仕切弁　③ 玉形弁　④ ちょう形弁　⑤ ダイヤフラム弁

（6）流れが層流で、十分に発達した円管内の流れにおいて，円管断面内の速度分布で最も正しいのは次のうちどの状態か。その番号を解答用紙の解答欄【 F 】にマークせよ。

① 回転放物体型　② 円筒型　③ 円錐型　④ 角錐型　⑤ 球型

（7）流体力学におけるオイラーの運動方程式に含まれていない物理量は次のうちどれか。その番号を解答用紙の解答欄【 G 】にマークせよ。

① 密度　② 粘度　③ 速度　④ 圧力　⑤ 加速度

（8）次元解析では、現象に関連する物理量の中から無次元量を求め、それらの組み合わせとして、現象を表す方法を見つける方法であるが、その方法として、正しいものは次のうちどれか。その番号を解答用紙の解答欄【 H 】にマークせよ。

① パイ(π)定理　② ハーディ・クロス法　③ ラグランジュの方法
④ オイラーの方法　⑤ レイノルズの方法

2 以下の問いに答えよ。

（1）図のような断面積 $A_1 = 12\ \mathrm{cm}^2$ の配管から密度 $\rho_w = 1000\ \mathrm{kg/m^3}$ の水が流れ、$A_2 = 8\ \mathrm{cm}^2$、$A_3 = 5\mathrm{cm}^2$ の2つの配管に分岐している。断面積 A_2、A_3 の配管を流れる水の流速がそれぞれ $v_2 = 2.0\ \mathrm{m/s}$、$v_3 = 4.0\ \mathrm{m/s}$ であった。分岐配管の上流側断面での流速 v_1 [m/s] を計算し、最も近い値を下記の〔数値群〕の中から選び、その番号を解答用紙の解答欄【 A 】にマークせよ。

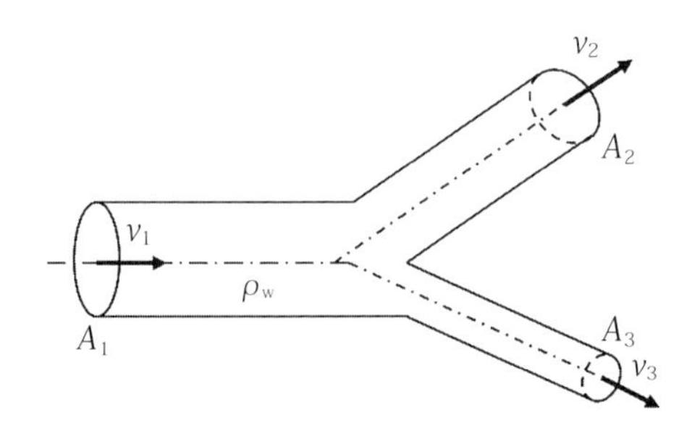

〔数値群〕単位：m/s

① 3.0　② 4.0　③ 5.0　④ 6.0　⑤ 7.0

（2）代表長さ（全長）4 m の乗用車（実物）が 80 km/h で走行している。この乗用車の縮小模型を製作し、風速 80 m/s で風洞実験を行うとき、縮小模型と実物との全長の比はいくらか。最も近い値を下記の〔数値群〕の中から選び、その番号を解答用紙の解答欄【 B 】にマークせよ。

〔数値群〕

① 0.018　② 0.028　③ 0.18　④ 0.28　⑤ 3.6

〔8. 工作法〕

1 工作物の加工面の大部分は円筒外面、円筒内面、平面および曲面から構成されている。下に示す表は、加工方法を適用される加工面毎に分類したものである。表の【 A 】～【 L 】に当てはまる一般的な加工法を下記の〔加工群〕から選び、その番号を解答用紙の解答欄【 A 】～【 L 】にマークせよ。ただし、加工群の重複使用は不可である。

加工面	切削加工	研削加工	仕上げ加工
円筒外面	【A】	【B】	【C】
円筒内面	【D】	【E】	【F】
平　面	【G】	【H】	【I】
曲　面	【J】	【K】	【L】

〔加工群〕

① 円筒研削　② 弾性砥石研削　③ ホーニング

④ ボールエンドミル加工　⑤ フライス加工　⑥ 中ぐり加工

⑦ 平面研削　⑧ 旋削加工　⑨ ラッピング

⑩ 形状倣い研磨　⑪ 内面研削　⑫ 超仕上げ

2 次の文章は様々な加工法に関して、その特徴を述べたものである。【A】～【H】の説明文に最も関係があると思われる加工法を下記の〔加工群〕から選び、その番号を解答用紙の解答欄【A】～【H】にマークせよ。ただし、語句の重複使用は不可である。

【A】多数の工作物を研磨剤とともに多角形の箱の中に入れ回転させることで、鋳物やプレス部品のバリ取りやスケール落としをバッチ処理で可能となる。

【B】電気化学的な溶解作用によって工作物の表面の一部を除去し、所要の形状に加工するもので、機械的な力が作用しないために加工変質層やバリが生じない。

【C】短波長の光を集光した高密度のエネルギーで各種材料の切断を行うだけでなく、エネルギー密度を広範囲に変えることで熱処理から溶接、表面改質など幅広い加工に利用できる。

【D】非導電性の硬脆性材料の工作物に異形状の穴を加工したい時などに有効である。

【E】スプライン穴を粗から仕上げまで一工程で完了できるので効率的である。

【F】鋳型に金型を用い、高圧力で鋳込むことで、寸法精度の良い薄物の鋳物ができる。アルミ合金などの鋳物に利用されている。

【G】工具を介して熱間で素材に大きな圧力を加えて成形することで、粗大結晶組織を破壊し、内在する空孔などを圧着させた均一微細化した組織が伸ばされて機械的性質に方向性を与える。

【H】旋盤等の主軸に成形型をセットし、それに取り付けた素材板をへらで型に押し付けながら成形する加工法で、単品や少量生産に適している。

〔加工群〕

① バレル加工	② スピニング	③ 深絞り加工	④ 超音波加工	⑤ ダイカスト法
⑥ 鍛造	⑦ ブローチ加工	⑧ レーザ加工	⑨ シェルモールド法	⑩ 電解加工

〔9. 機械製図〕

1 機械製図について、次の設問（1）～（10）に答えよ。

（1）図面について正しく説明しているものを一つ選び、その番号を解答用紙の解答欄【 A 】にマークせよ。

① 原図を巻いて保管する場合、その内径は 40mm 以上にするのがよい。

② 製図用紙に設ける必須事項は、輪郭線、材料表、中心マークである。

③ 製図用紙に用いられる用紙の大きさは、B0 ～ A4 である。

④ 製図用紙の使い方で、A3 以下の図面の配置は、長辺を縦方向、横方向いずれを用いても良い。

（2）2種類以上の線が同じ場所に重なる場合の優先順位で、高い順に並んでいるものを一つ選び、その番号を解答用紙の解答欄【 B 】にマークせよ。

① 外形線、中心線、かくれ線、切断線

② 外形線、中心線、切断線、かくれ線

③ 外形線、かくれ線、中心線、切断線

④ 外形線、かくれ線、切断線、中心線

（3）寸法線の両端に付ける矢印、黒丸、斜線等を総称する名称で、正しいものを一つ選び、その番号を解答用紙の解答欄【 C 】にマークせよ。

① 寸法記号

② 起点記号

③ 端末記号

④ 矢印記号

（4）表面性状の粗さパラメータで、正しい名称を一つ選び、その番号を解答用紙の解答欄【 D 】にマークせよ。

① 十点平行粗さ

② 算術平均粗さ

③ 突出平均粗さ

④ 最大最小粗さ

（5）寸法補助記号について、間違って説明しているものを一つ選び、その番号を解答用紙の解答欄【 E 】にマークせよ。

① φ10 は、“まる”または“ふぁい”と読み、直径 10mm という意味である。

② 図面に C2 と記入された場合、面取り角度 30°、面取り寸法 2 mm という意味である。

③ S φ30 は、“えすまる”または“えすふぁい”と読み、球の直径が 30mm という意味である。

④ □ 20 は、“かく”と読み、正方形の辺が 20mm という意味である。

（6）幾何公差において、正しく説明しているものを一つ選び、その番号を解答用紙の解答欄【 F 】にマークせよ。

① 幾何公差の種類には、形状公差、姿勢公差、位置公差の３種類がある。
② 姿勢公差には、平行度、直角度、傾斜度などがある。
③ データムを指示する文字記号は、ラテン文字の小文字を用いる。
④ データム指示を必要としない幾何特性には、同軸度、位置度などがある。

（7）特定部分の図形が小さい場合、詳細な図示や寸法を記入するために、その部分を拡大して表す図の名称を一つ選び、その番号を解答用紙の解答欄【 G 】にマークせよ。

① 部分詳細図
② 拡大詳細図
③ 部分展開図
④ 部分拡大図

（8）寸法の普通公差の公差等級記号の記述について、正しく説明しているものを一つ選び、その番号を解答用紙の解答欄【 H 】にマークせよ。

① 精　級 ･････ f
② 極粗級 ･････ c
③ 粗　級 ･････ m
④ 中　級 ･････ v

（9）材料記号について、正しく説明しているものを一つ選び、その番号を解答用紙の解答欄【 I 】にマークせよ。

① ＦＣ２５０ ･････ 球状黒鉛鋳鉄品
② ＡＣ１Ｂ ･････ アルミニウム合金鋳物
③ ＳＵＳ４０３ ･････ ばね鋼鋼材
④ ＳＳ４００ ･････ 機械構造用炭素鋼鋼材

（10）自動調心玉軸受の個別簡略図示方法について、正しく図示したものを一つ選び、その番号を解答用紙の解答欄【 J 】にマークせよ。

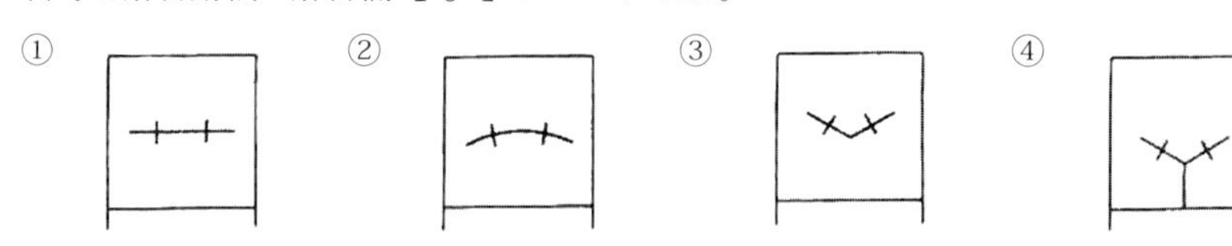

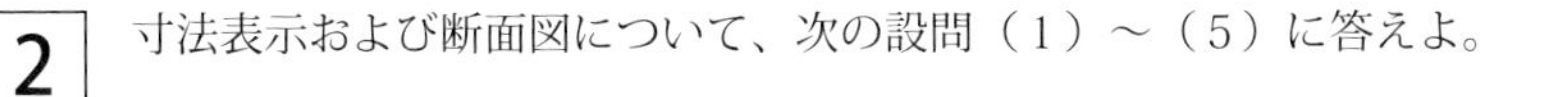

2 寸法表示および断面図について、次の設問（1）～（5）に答えよ。

（1）次の半径の寸法表示において、正しく表しているものを一つ選び、その番号を解答用紙の解答欄【 A 】にマークせよ。

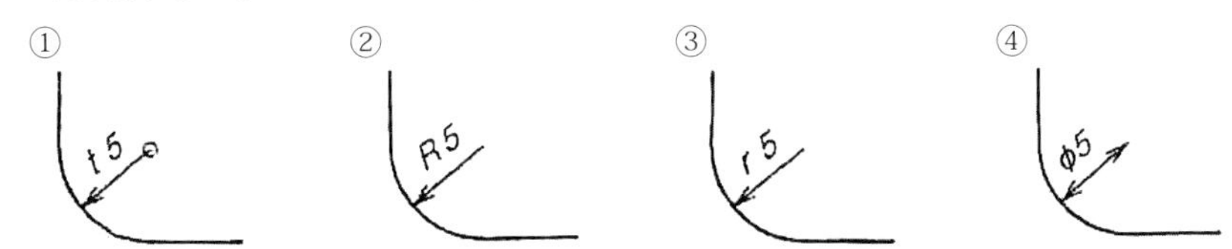

（2）次の直径の寸法表示において、正しく表しているものを一つ選び、その番号を解答用紙の解答欄【 B 】にマークせよ。

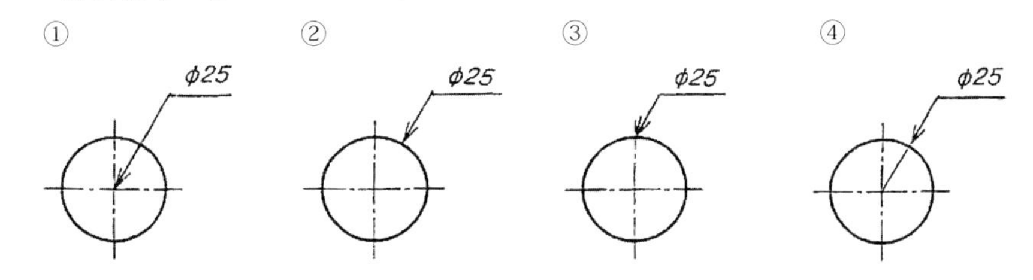

（3）次の全断面図において、正しく表しているものを一つ選び、その番号を解答用紙の解答欄【 C 】にマークせよ。

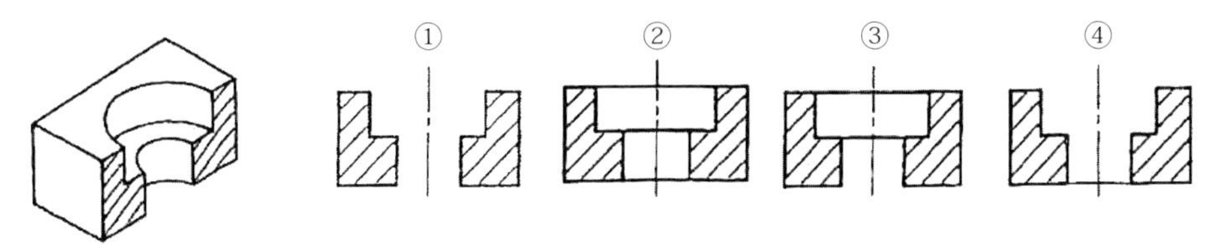

（4）次の部分断面図において、正しく表しているものを一つ選び、その番号を解答用紙の解答欄【 D 】にマークせよ。

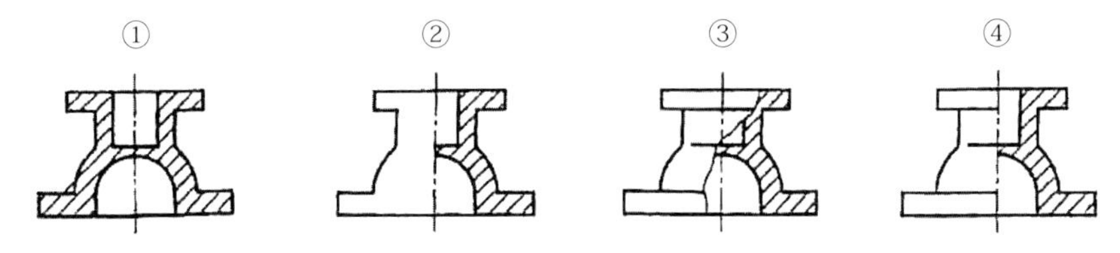

（5）次の片側断面図において、正しく表しているものを一つ選び、その番号を解答用紙の解答欄【 E 】にマークせよ。

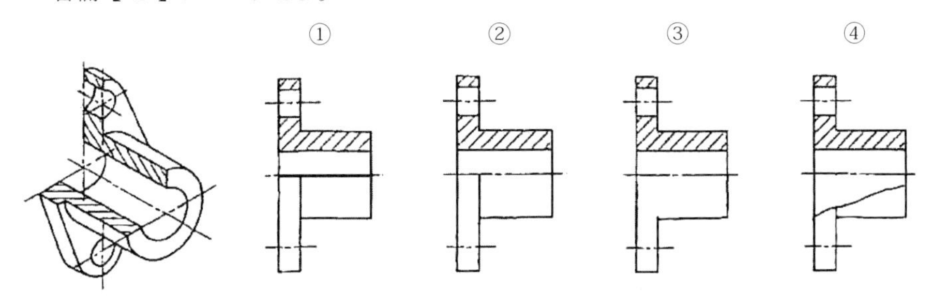

3 下図は、機械製図における線の用法を示す。図中の空欄【 A 】～【 M 】に当てはまる線の用途の名称を下記の〔語句群〕より選び、その番号を解答用紙の解答欄【 A 】～【 M 】にマークせよ。

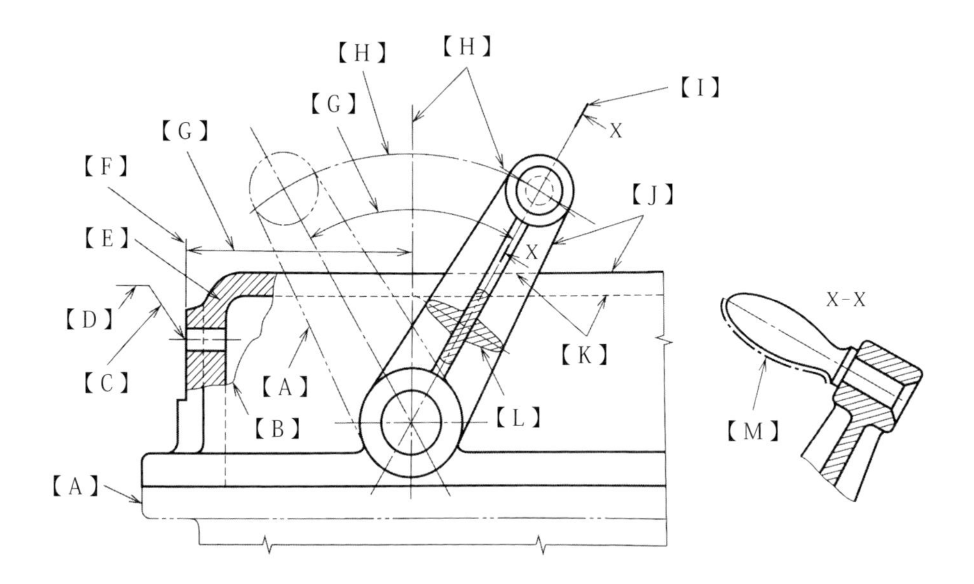

〔語句群〕

① 外形線	② 寸法補助線	③ 寸法線	④ 破断線	⑤ 中心線
⑥ 引出線	⑦ 特殊指定線	⑧ 想像線	⑨ 参照線	⑩ 切断線
⑪ かくれ線	⑫ 回転断面線	⑬ ハッチング		

4 JIS 機械製図において、穴と軸のサイズ公差（旧 JIS 寸法公差）およびはめあいに関する用語が規定されている。下図に示す図中の空欄【 A 】～【 M 】に対応する用語を下記の〔語句群〕より選び、その番号を解答用紙の解答欄【 A 】～【 M 】にマークせよ。（重複使用可）

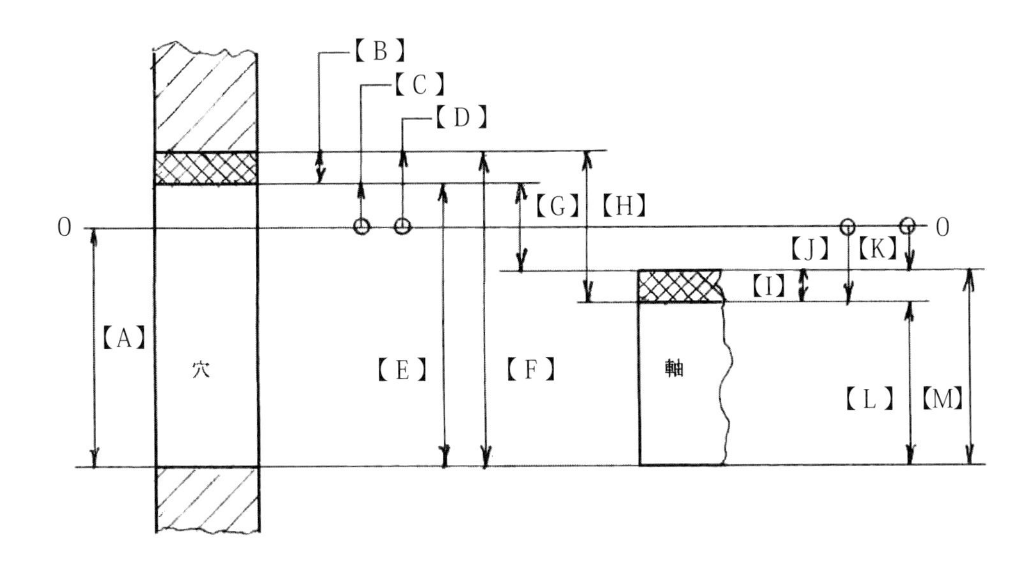

〔語句群〕（　　）内は旧 JIS における用語

① 上の許容サイズ（最大許容寸法）　② 下の許容サイズ（最小許容寸法）

③ 上の許容差（上の寸法許容差）　④ 下の許容差（下の寸法許容差）

⑤ 最大すきま　⑥ 最小すきま

⑦ 最大しめしろ　⑧ 最小しめしろ

⑨ サイズ公差（寸法公差）　⑩ 図示サイズ（基準寸法）

5 溶接記号の設問（1）、（2）に答えよ。

（1）左図は、U形開先の部分溶込み溶接の実形図で、【 A 】～【 E 】は溶接部の寸法を示す。【 A 】はルート間隔、【 B 】は開先深さ、【 C 】はルート半径、【 D 】は開先角度、【 E 】は溶接深さである。
右図に示す溶接記号の図において、【 A 】～【 E 】を指示する位置は①～⑦のいずれか、指示する位置の番号を解答用紙の解答欄【 A 】～【 E 】にマークせよ。

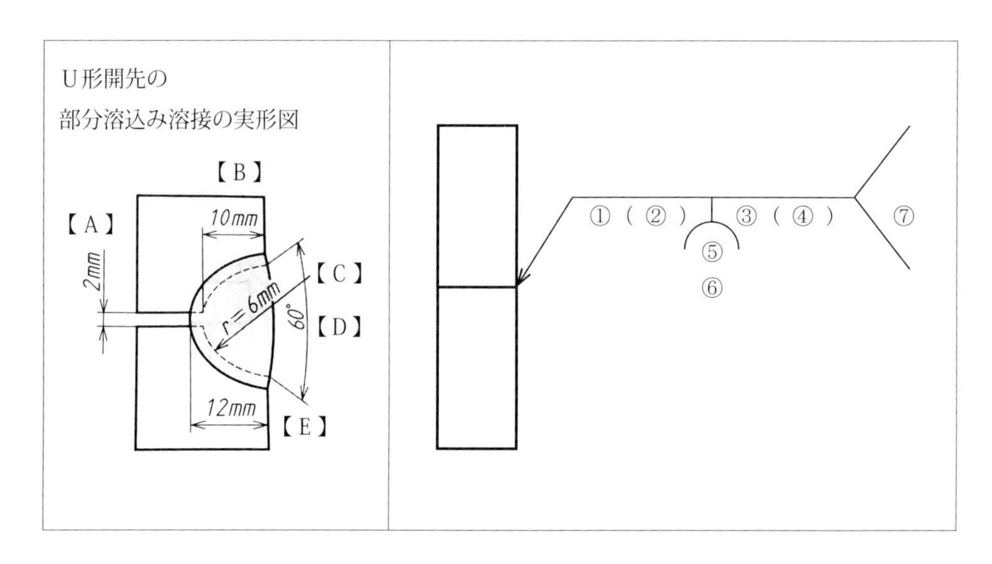

（2）左図は、全周現場溶接で連続すみ肉溶接円管の実形図を示す。右側に図示した4つの図から正しい溶接記号の記入法を一つ選び、その番号を解答用紙の解答欄【 F 】にマークせよ。

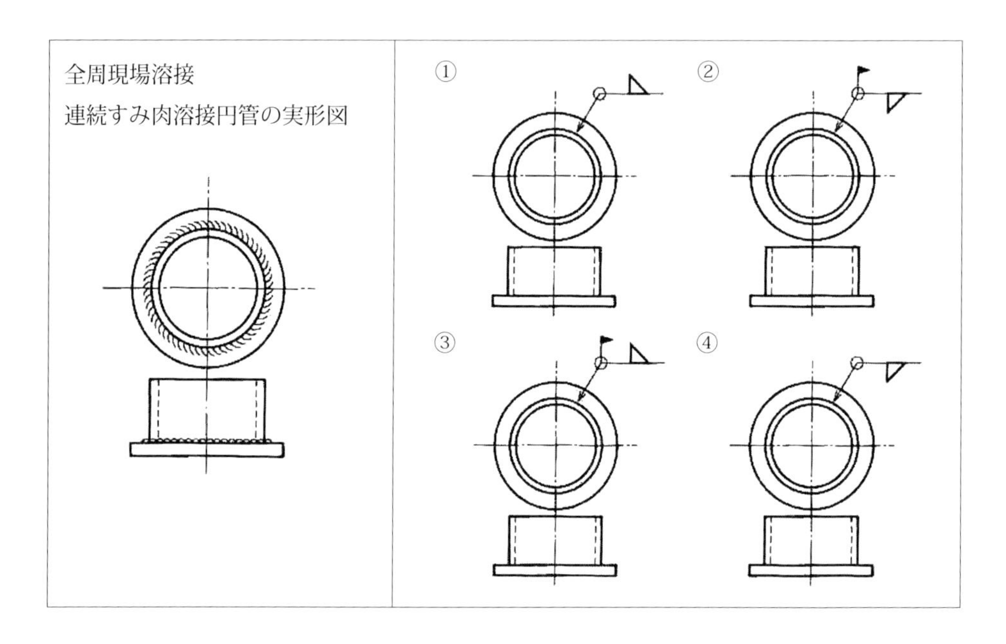

6 立体図に関する設問（1）、（2）に答えよ。

（1）左図の正投影図を表している立体図を右図から一つ選び、その番号を解答用紙の解答欄【 A 】にマークせよ。

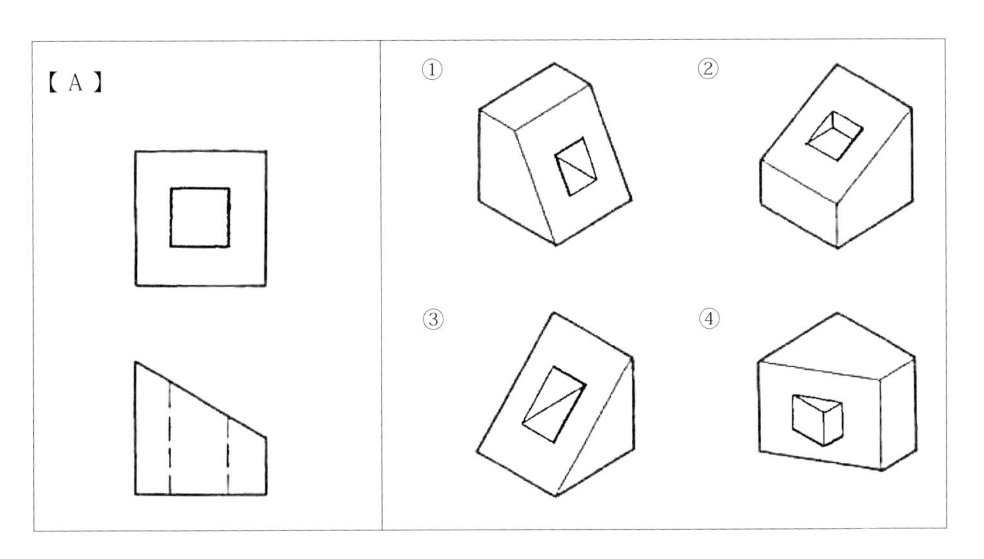

（2）左図の正投影図を表している立体図を右図から一つ選び、その番号を解答用紙の解答欄【 B 】にマークせよ。

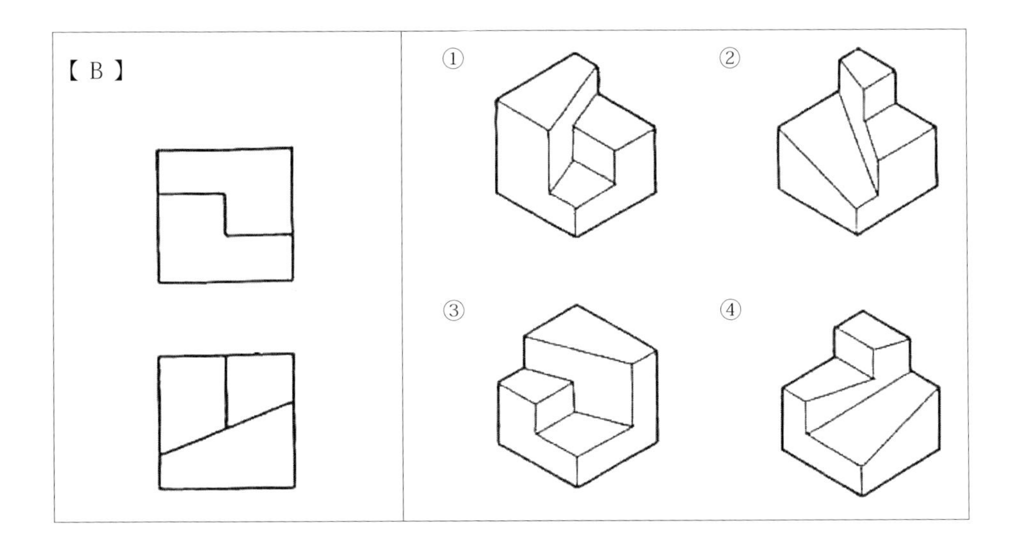

令和３年度

機械設計技術者試験
３級　試験問題Ⅱ

第２時限（120分）

2. 材料力学

3. 機械力学

5. 熱工学

6. 制御工学

7. 工業材料

令和３年11月21日　実施

〔2. 材料力学〕

1 下図に示すように、1本の軟鋼製棒材PRが一端を剛体壁にRでピン結合され、他端をPで剛体棒OQにピン結合されている。OPおよびORの長さを$\ell = 1.4$ mとし、軟鋼製棒材PRの横断面積を$A = 1.2\text{cm}^2$とする。また、壁OR（y軸）とOQ（x軸）とのなす角は90°とする。点Qに荷重$W = 15\text{kN}$が作用したとき次の設問（1）～（4）に答えよ。

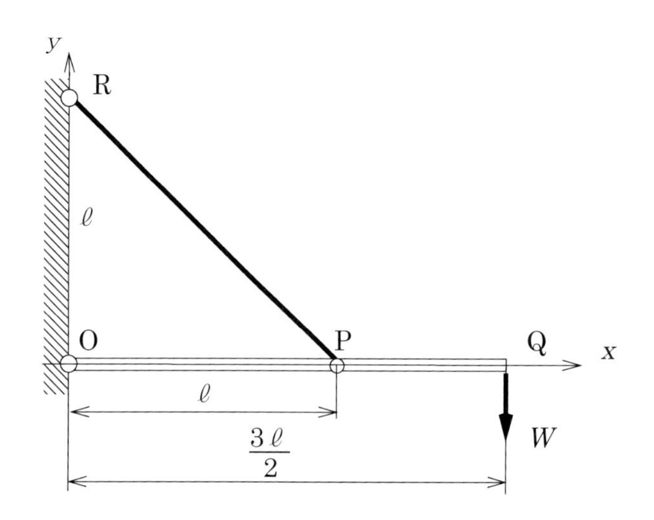

（1）軟鋼の縦弾性係数Eとして最も近い値を下記の〔数値群〕から選び、その番号を解答用紙の解答欄【 A 】にマークせよ。

〔数値群〕単位：GPa

① 80　② 106　③ 150　④ 206　⑤ 240

（2）軟鋼製棒材PRに作用する張力Tを求めるための式で正しいものを下記の〔数式群〕から選び、その番号を解答用紙の解答欄【 B 】にマークせよ。

〔数式群〕

① $\dfrac{W}{2}$　② $\dfrac{W}{\sqrt{3}}$　③ $\dfrac{W}{\sqrt{2}}$　④ $\dfrac{\sqrt{3}W}{\sqrt{2}}$　⑤ $\dfrac{3W}{\sqrt{2}}$

（3）軟鋼製棒材PRの伸びλを求めるための式で正しいものを下記の〔数式群〕から選び、その番号を解答用紙の解答欄【 C 】にマークせよ。

〔数式群〕

① $\dfrac{W\ell}{2AE}$　② $\dfrac{W\ell}{\sqrt{3}AE}$　③ $\dfrac{\sqrt{2}W\ell}{AE}$　④ $\dfrac{3W\ell}{AE}$　⑤ $\dfrac{\sqrt{3}W\ell}{AE}$

（4）点Ｑのｙ軸方向変位δyを計算し，その答に最も近い値を下記の〔数値群〕から選び、その番号を解答用紙の解答欄【 D 】にマークせよ。

〔数値群〕単位：mm

① 3.4　② 5.4　③ 6.5　④ 8.3　⑤ 9.4

2 図1に示すような，長さ $4\ell = 4.0\text{m}$ の両端単純支持はりABが2つの集中荷重 $W = 2.2\text{kN}$ を受けている。横断面の形状は、図2のとおり、$b = 30\text{mm}$、$h = 40\text{mm}$ である。下記の設問（1）～（5）に答えよ。

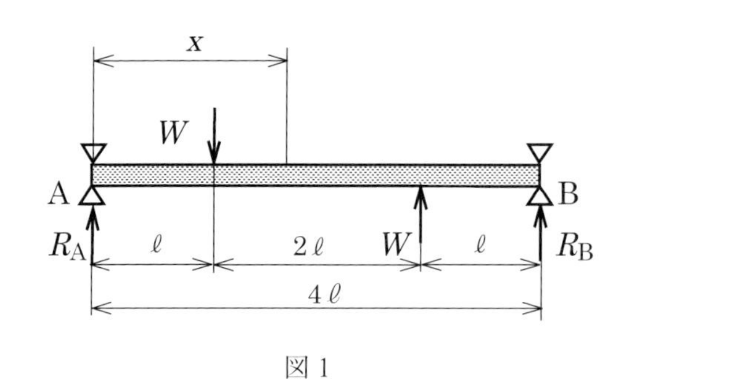

図1

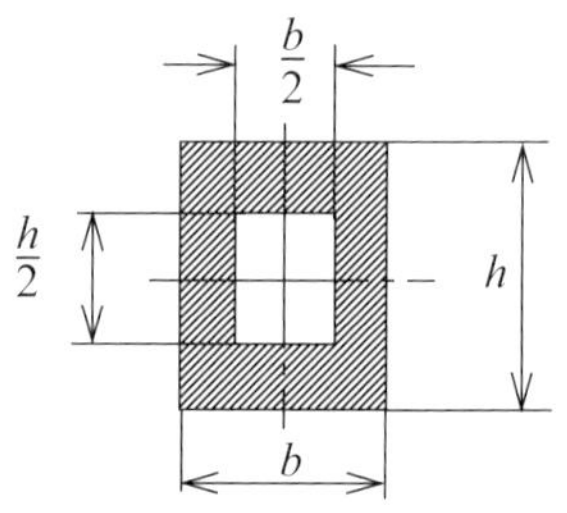

図2　はりの断面形状

（1）はりの支点反力 R_A を求めるための正しい式を下記の〔数式群〕から選び、その番号を解答用紙の解答欄【A】にマークせよ。

〔数式群〕

① $\dfrac{W}{4}$　② $\dfrac{3W}{4}$　③ $\dfrac{W}{2}$　④ $\dfrac{3W}{2}$　⑤ W

（2）支点Aから距離 x（$\ell < x < 3\ell$）の位置に作用する曲げモーメント M_x を表す式として正しいものを下記の〔数式群〕から選び、その番号を解答用紙の解答欄【B】にマークせよ。

〔数式群〕

① $W(\ell - x)$　② $\dfrac{W}{2}(2\ell - x)$　③ $\dfrac{3W}{4}(\ell - 2x)$

④ $W\left(2\ell - \dfrac{x}{2}\right)$　⑤ $2W\left(\dfrac{3\ell}{8} - x\right)$

（3）図1に示すような荷重を受けるはりのせん断力図（SFD）と曲げモーメント図（BMD）の組み合わせとして正しいものを下記の〔図群〕の中から選び、その番号を解答用紙の解答欄【C】にマークせよ。

〔図群〕

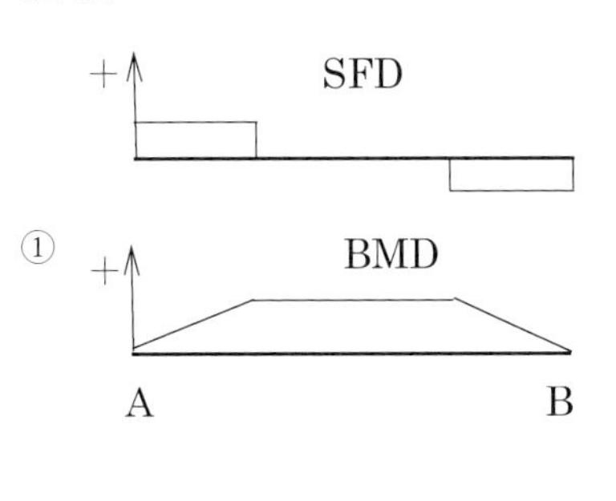

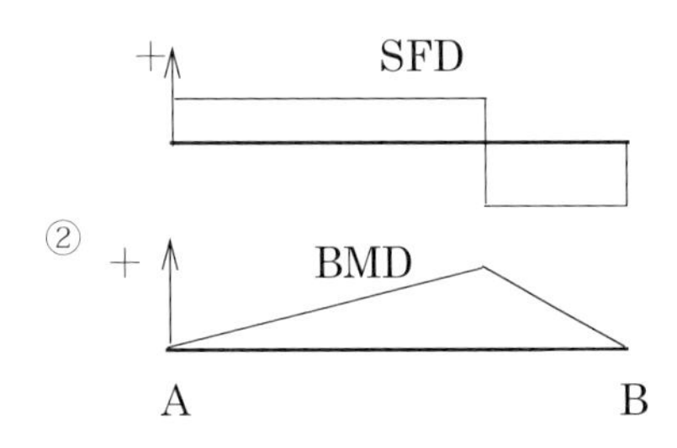

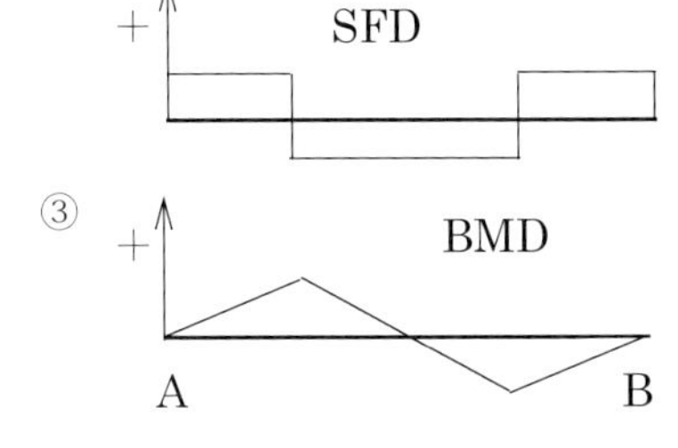

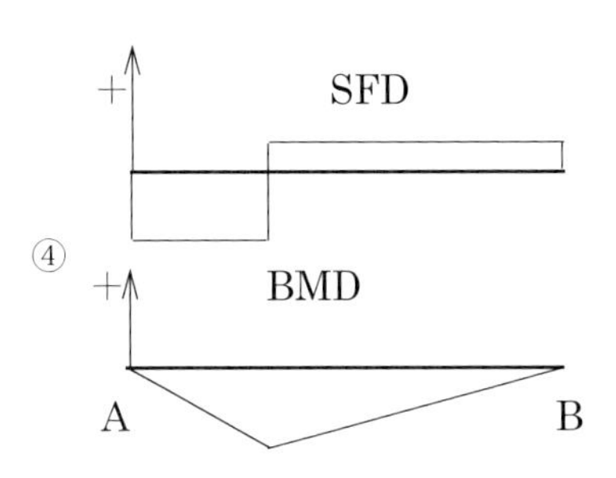

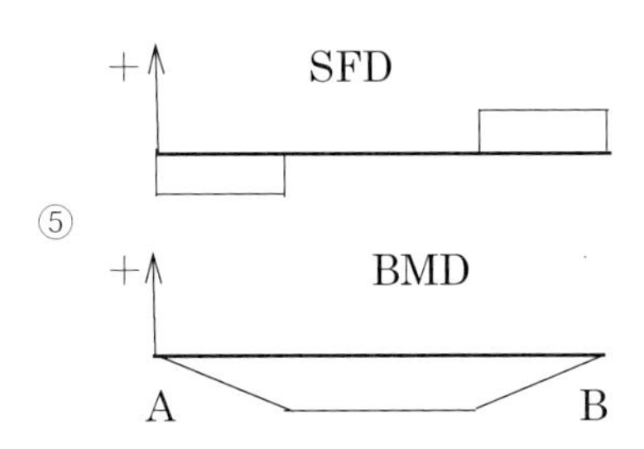

（4）はりの断面二次モーメント I を計算し，その答に最も近い値を下記の〔数値群〕から選び、その番号を解答用紙の解答欄【D】にマークせよ。

〔数値群〕単位：$\times 10^{-8} \mathrm{m}^4$

① 15　　② 30　　③ 45　　④ 60　　⑤ 81

（5）発生する最大曲げ応力 σ_{max} を計算し，その答に最も近い値を下記の〔数値群〕から選び、その番号を解答用紙の解答欄【E】にマークせよ。

〔数値群〕単位：MPa

① 73　　② 85　　③ 97　　④ 123　　⑤ 147

〔3. 機械力学〕

1 図に示すように棒ＡＢのＣ点につるしたW［Ｎ］のおもりとつり合うように力F［Ｎ］を負荷させている。この際、力Fは動滑車Ｄと輪軸Ｅを介して作用している。以下の設問（１）～（３）に答えよ。ただし、棒とロープと滑車の重さ及び摩擦は無視する。

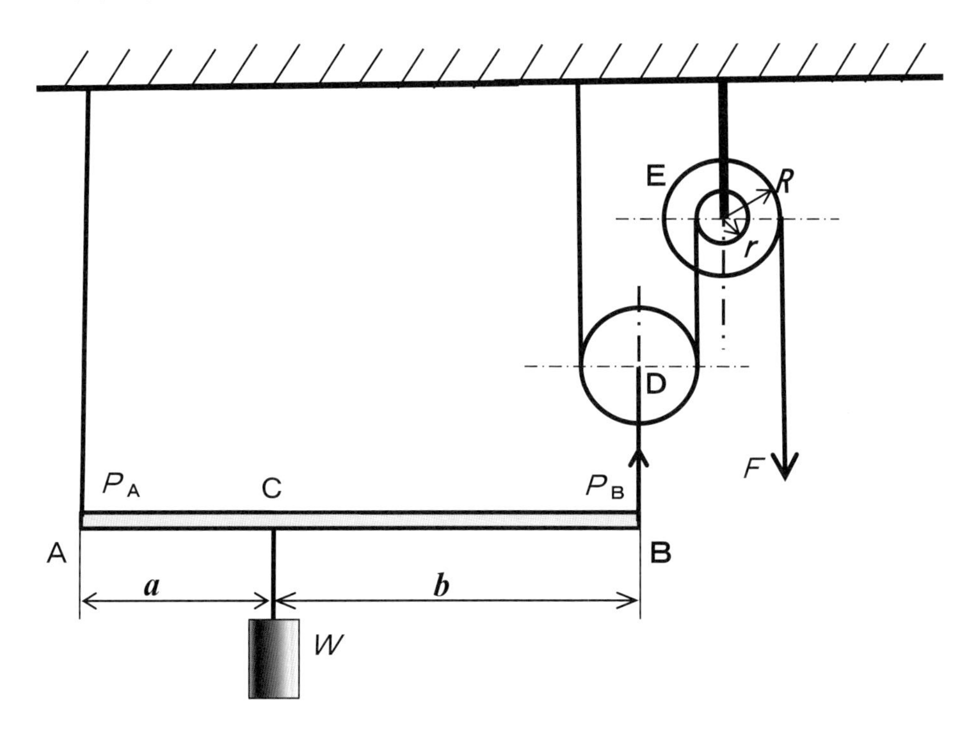

（１）棒ＡＢがつり合った状態で、Ｂ点の引き上げる力P_Bをa、b、Wを使って表すとどのような式になるか、下記の〔数式群〕から一つ選び、その番号を解答用紙の解答欄【 Ａ 】にマークせよ。

〔数式群〕

① $\dfrac{a+b}{W\cdot a}$　② $\dfrac{W\cdot a}{a+b}$　③ $\dfrac{W\cdot b}{a+b}$　④ $\dfrac{a+b}{W\cdot b}$　⑤ $\dfrac{a\cdot b}{W-a}$

（２）前問で求めた力P_Bを、動滑車Ｄと輪軸Ｅを経由した引張力Fで表すとどのような式になるか、下記の〔数式群〕から一つ選び、その番号を解答用紙の解答欄【 Ｂ 】にマークせよ。

〔数式群〕

① $\dfrac{r}{F\cdot R}$　② $\dfrac{F\cdot R}{2\cdot r}$　③ $\dfrac{F\cdot R}{r}$　④ $\dfrac{F\cdot r}{2\cdot R}$　⑤ $\dfrac{2\cdot F\cdot R}{r}$

（3）棒ＡＢがつり合った状態になるための輪軸の引張力Fを表す式を、下記の〔数式群〕から一つ選び、その番号を解答用紙の解答欄【 C 】にマークせよ。

〔数式群〕

① $\dfrac{W \cdot r \cdot a}{2R \cdot (a+b)}$　② $\dfrac{2 \cdot W \cdot r \cdot b}{R \cdot (a+b)}$　③ $\dfrac{2R \cdot (a+b)}{W \cdot r \cdot a}$

④ $\dfrac{W \cdot R \cdot a}{2r \cdot (a+b)}$　⑤ $\dfrac{W \cdot r \cdot (a+b)}{2R \cdot a}$

3級 問題Ⅱ

2 図に示す質量m_1、m_2の物体が、斜面ＡＣと斜面ＢＣで滑車を介してロープで連結されている。斜面角度は、斜面ＡＣが$\theta = 30°$、斜面ＢＣが$\theta = 60°$である。斜面ＡＣの摩擦係数$\mu_1 = 0.2$、斜面ＢＣの摩擦係数$\mu_2 = 0.4$である。滑車とロープとの摩擦およびロープの重量は、無視するとする。重力加速度をgとして、以下の設問（1）～（3）に答えよ。

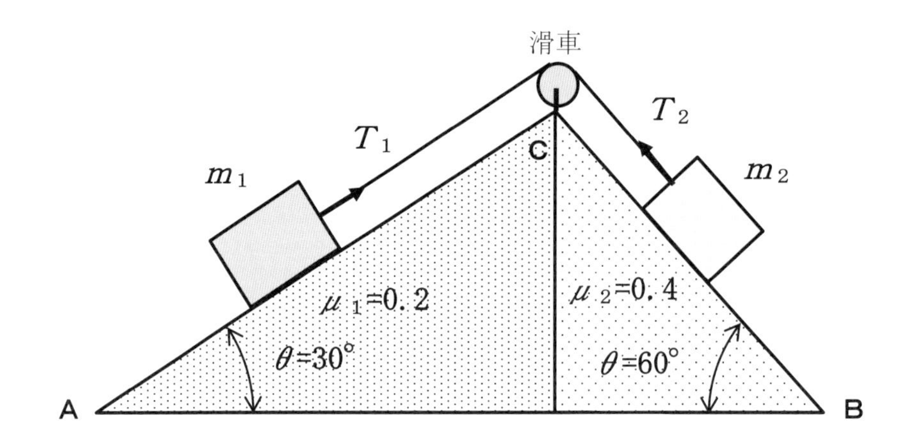

（1）質量m_1を引き上げる力T_1を、下記の〔数式群〕から最も近いものを一つ選び、その番号を解答用紙の解答欄【 A 】にマークせよ。

〔数式群〕

① $0.23\ m_1g$　② $0.34\ m_1g$　③ $0.67\ m_1g$　④ $0.92\ m_1g$　⑤ $14.4\ m_1g$

（2）同様にして質量m_2を引き上げる力T_2を、下記の〔数式群〕から最も近いものを一つ選び、その番号を解答用紙の解答欄【 B 】にマークせよ。

〔数式群〕

① $0.25\ m_2g$　② $0.49\ m_2g$　③ $0.97\ m_2g$　④ $1.07\ m_2g$　⑤ $18.4\ m_2g$

（3）質量m_1と質量m_2の物体が斜面上でつりあっている場合、m_1 / m_2の値を下記の〔数値群〕から最も近いものを一つ選び、その番号を解答用紙の解答欄【 C 】にマークせよ。

〔数値群〕

① 0.48　② 0.69　③ 0.73　④ 1.60　⑤ 2.12

3 図は軸受A、Bに支持されている軸の中央部に歯車Cが取り付けられている歯車減速機の一部である。軸は軸継手Dを介してモータMによって駆動される。

軸継手は、図（b）に示すように4本の継手ボルトで締結されていて、ボルト中心円の直径はD_1である。歯車Cの基準円直径は D_2 である。D_1、D_2 とも単位は、[m] である。

モータMの仕様は、動力L［W］、回転速度n [min^{-1}] である。モータと歯車減速機に使われている軸の直径は、d［m］である。以下の設問（1）～（6）に答えよ。なお、各要素に作用する接線力を図（a）～図（c）に示す。

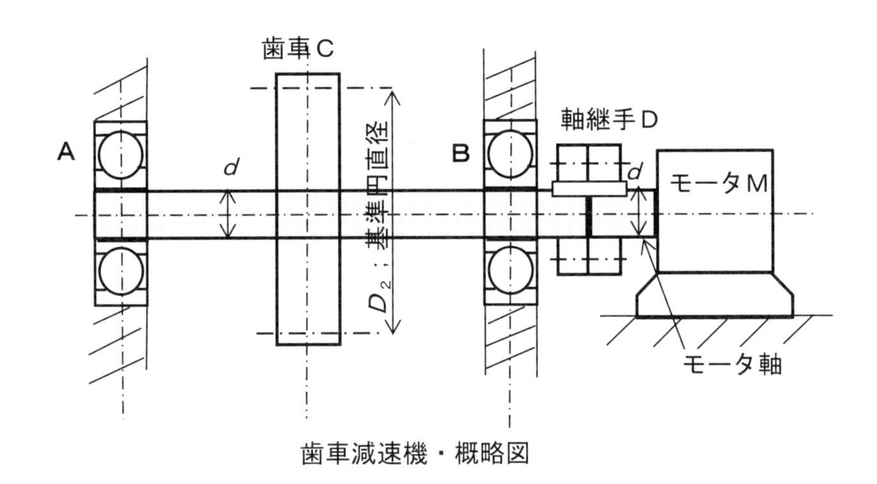

歯車減速機・概略図

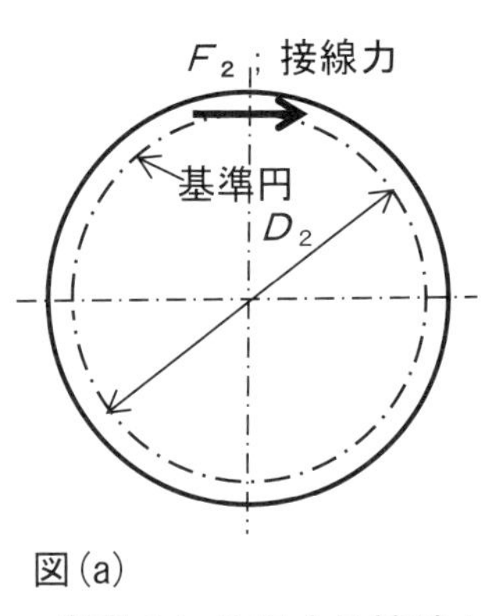

図(a)
歯車Cに作用する接線力

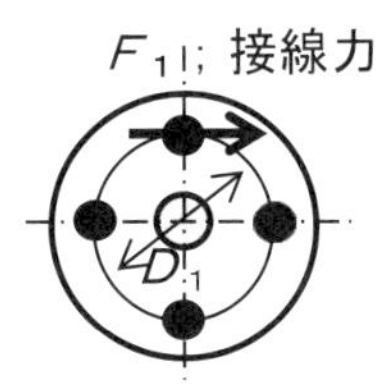

図(b)
軸継手Dのボルトに作用する接線力

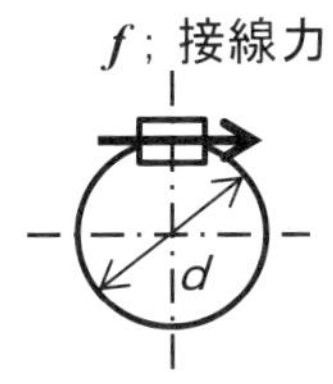

図(c)
モータ軸のキーに作用する接線力

（1）モータ軸dの周速度v［m/sec］を，下記の〔数式群〕から一つ選び、その番号を解答用紙の解答欄【 A 】にマークせよ。

〔数式群〕

① $\frac{\pi dn}{30}$　② $\frac{60\pi n}{d}$　③ $\frac{30\pi n}{d}$　④ $\frac{\pi dn}{60}$　⑤ $\frac{60}{\pi dn}$

（2）モータ軸と軸継手を結ぶキー溝に作用する接線力f［N］をモータ軸の伝達トルクT［N・m］から求める式を、下記の〔数式群〕から一つ選び、その番号を解答用紙の解答欄【 B 】にマークせよ。

〔数式群〕

① $\frac{d}{2T}$　② $\frac{T}{2d}$　③ $\frac{2d}{T}$　④ $\frac{T}{d}$　⑤ $\frac{2T}{d}$

（3）モータ軸の伝達トルクT［N・m］を、モータの動力L［W］、モータの回転速度n［min^{-1}］から求める式を、下記の〔数式群〕から一つ選び、その番号を解答用紙の解答欄【 C 】にマークせよ。

〔数式群〕

① $\frac{L}{20\pi n}$　② $\frac{30L}{\pi n}$　③ $\frac{60L}{\pi n}$　④ $\frac{30\pi n}{L}$　⑤ $\frac{25L}{\pi n}$

（4）軸継手Dのボルト軸中心円周上D_1に生ずる接線力F_1［N］を、下記の〔数式群〕から一つ選び、その番号を解答用紙の解答欄【 D 】にマークせよ。

〔数式群〕

① $\frac{L}{\pi n D_1}$　② $\frac{30\pi n}{D_1 L}$　③ $\frac{L}{60\pi n D_1}$　④ $\frac{60\pi n}{D_1 L}$　⑤ $\frac{60L}{\pi n D_1}$

（5）軸継手Dのボルト１本あたりに生ずるせん断力［Ｎ］を、下記の〔数式群〕から一つ選び、その番号を解答用紙の解答欄【Ｅ】にマークせよ。

〔数式群〕

① $\dfrac{30L}{\pi n D_1}$　② $\dfrac{\pi n D_1}{15L}$　③ $\dfrac{60L}{\pi n D_1}$　④ $\dfrac{15L}{\pi n D_1}$　⑤ $\dfrac{\pi n D_1}{30L}$

（6）歯車の基準円周上に生ずる接線力F_2［Ｎ］を、下記の〔数式群〕から一つ選び、その番号を解答用紙の解答欄【Ｆ】にマークせよ。

〔数式群〕

① $\dfrac{30L}{\pi n D_2}$　② $\dfrac{60L}{\pi n D_2}$　③ $\dfrac{\pi n D_2}{60L}$　④ $\dfrac{\pi n}{60LD_2}$　⑤ $\dfrac{\pi n D_2}{30L}$

〔5．熱工学〕

1 次の文章は、エンジン、空調等の設計に関して必要とする原理を記述したものである。空欄【Ａ】～【Ｇ】に当てはまる適切な言葉、最も近い数値、数式を〔解答群〕から選び、その番号を解答用紙の解答欄【Ａ】～【Ｇ】にマークせよ。ただし、解答の重複は不可とする。

自動車のエンジンは、作動流体に熱サイクルを行わせて連続的に動力を取り出し、空調装置は、連続的に動力を取り出したり、逆に動力を与えることで暖房にしたり、冷房にしたりしている。

一般にサイクルを表す p-V 線図（p：圧力、V：体積）において、サイクルは時計回りに行われる場合と反時計回りに行われる場合がある。時計回りにサイクルが行われる場合では、1サイクル毎に仕事が発生して外部に与えられる。これは【Ａ】のサイクルと言われる。

1サイクルの間に作動流体が外部の高温熱源から受け取る熱量を Q_H、外部の低熱源に捨てる熱量を Q_L とし、外部に仕事 L をしたとすれば、この熱効率 η_{th} は式 η_{th} =【Ｂ】によって定義される。そして、仕事 L は熱力学第1法則の関係によって L =【Ｃ】で与えられる。

このサイクルを理想化したカルノーサイクルの過程は、右図のように、高温熱源温度を T_H とすると、状態1から状態2に等温膨張して熱量 Q_H を受け取り、状態2から状態3に【Ｄ】膨張、状態3から状態4には低熱源温度を T_L とすると、等温圧縮して熱量 Q_L を放出し、さらに状態4から【Ｄ】圧縮して元の状態1にもどる可逆サイクルである。この場合、熱量と熱力学的温度を関係づけることができ【Ｅ】の関係が成り立つ。この関係を利用すると、カルノーサイクルでは熱効率 η_{th} を温度だけで表すことができ式 η_{th} =【Ｆ】で求められる。もし、高温熱源温度が1700℃とし、低温熱源温度を20℃とすると、このカルノーサイクルの熱効率 η_{th} は【Ｇ】％となる。

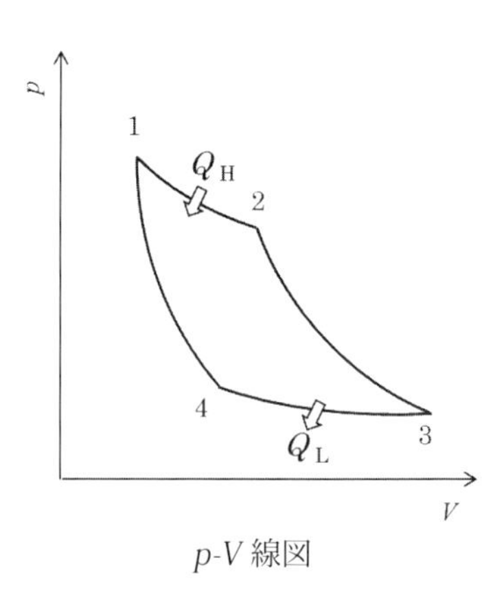

p-V 線図

〔解答群〕

① 冷凍機　② 熱機関　③ 等温　④ 断熱

⑤ $Q_H - Q_L$　⑥ L/Q_H　⑦ Q_H/L　⑧ $(T_H - T_L)/T_H$

⑨ $T_H/(T_H - T_L)$　⑩ $Q_H/Q_L = T_H/T_L$　⑪ $Q_H/Q_L = T_L/T_H$　⑫ 85

⑬ 65

2 15℃の理想気体（気体定数 $R = 0.2872$ kJ/(kg･K)、比熱比 $\kappa = 1.40$）で体積 $V_1 = 2.0\text{m}^3$、圧力 $p_1 = 0.2$ MPa から、一定圧力で膨張させたら体積 V_2 が 3.0 倍になった。この時の温度 T_2、外部にした仕事 W_{12} および外部から受けた熱量 Q_{12} を求めたい。
次の手順の文章の空欄【A】～【H】に当てはまる式および最も近い数値を〔解答群〕から選び、その番号を解答用紙の解答欄【A】～【H】にマークせよ。

手順
まず、理想気体の定圧比熱 c_p を求めると、比熱比 κ と気体定数 R を用いて式 $c_p =$【A】で求められ、$c_p =$【B】kJ/(kg･K) となる。
この理想気体の質量が与えられていないが、質量 m[kg] は理想気体の状態式【C】から求められ、題意に与えられた値を代入すると $m =$【D】kg が得られる .
変化後の温度 T_2 は定圧変化の温度と容積の関係式【E】から求められ、温度 $T_2 =$【F】K となる。そして、定圧変化の外部にした仕事 W_{12} は【G】kJ であり、外部からの受けた熱量 Q_{12} は【H】MJ である。

〔解答群〕

① $\dfrac{\kappa}{\kappa-1}R$　② $\dfrac{1}{\kappa-1}R$　③ $p_1V_1 = mRT_1$　④ $p_2V_2 = mRT_2$

⑤ $V_1/T_1 = V_2/T_2$　⑥ $T_1V_1 = T_2V_2$　⑦ 1.0　⑧ 3.0

⑨ 5.0　⑩ 800　⑪ 860

〔6. 制御工学〕

1 制御で最も要求される特性は「安定性」であるが、目標値にいかに速くかつ正確に近づけるかも重要である。そのとき、システムの性能を制御特性といい、2つの応答評価が使われる。以下の図は、代表的なステップ応答と周波数応答の曲線である。図中の空欄【 A 】～【 I 】に最も適切な語句を〔語句群〕から選び、その番号を解答用紙の解答欄【 A 】～【 I 】にマークせよ。ただし、重複使用は不可である。

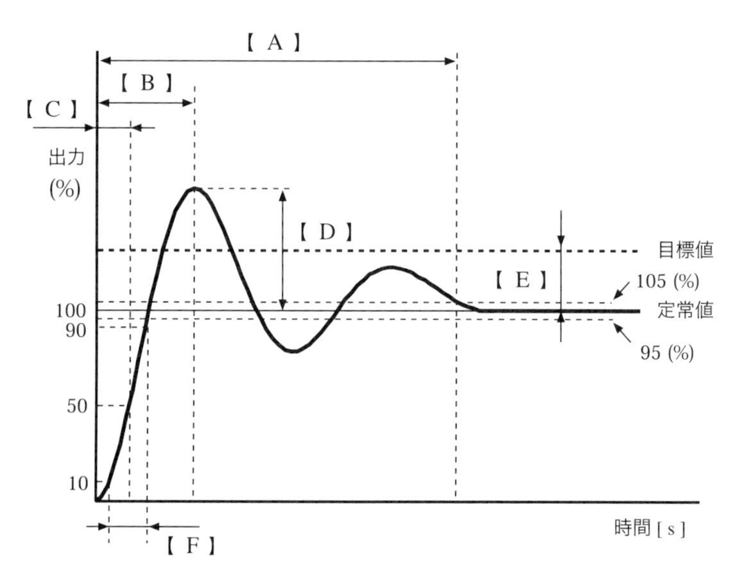

ステップ応答

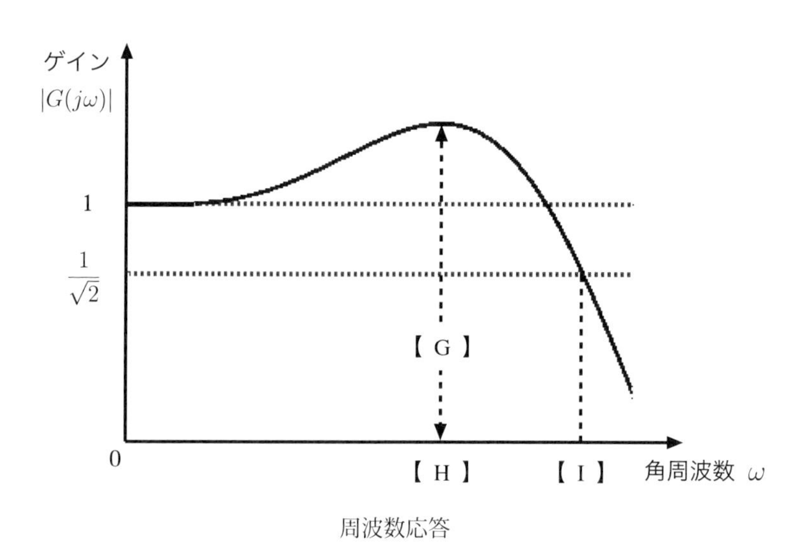

周波数応答

〔語句群〕

① 行き過ぎ時間　② 行き過ぎ量　③ 遅れ時間　④ 共振値　⑤ 共振周波数

⑥ 整定時間　⑦ 帯域幅　⑧ 立ち上がり時間　⑨ 偏差

2 あるシステムに単位ステップ入力をしたところ、定常値$K = 1.5$とする2次遅れ系の時間応答の曲線が得られ、その曲線から行き過ぎ時間$t_p = 0.3$s、最大出力$y_m = 1.8$の値が計測された。
次の設問（1）～（3）に答えよ。なお、解答の際は、以下の［参考］を使ってもよい。

［参考］2次遅れ系に関するステップ応答特性

$$t_p = \frac{\pi}{\omega_n\sqrt{1-\zeta^2}}$$

$$y(t) = K\left\{1 - \frac{e^{-\zeta\omega_n t}}{\sqrt{1-\zeta^2}}\sin\left(\omega_n\sqrt{1-\zeta^2}\,t + \phi\right)\right\}、\quad \phi = \tan^{-1}\frac{\sqrt{1-\zeta^2}}{\zeta}$$

$$\sin\phi = \sqrt{1-\zeta^2}$$

（1）この系の固有角周波数ω_n[rad/s]を計算し、最も近い値を下記の〔数値群〕の中から選び、その番号を解答用紙の解答欄【A】にマークせよ。

〔数値群〕単位：rad/s

① 10.5　② 11.8　③ 12.6　④ 13.8　⑤ 15.1

（2）この系の減衰係数ζを計算し、最も近い値を下記の〔数値群〕の中から選び、その番号を解答用紙の解答欄【B】にマークせよ。

〔数値群〕

① 0.223　② 0.311　③ 0.367　④ 0.455　⑤ 0.512

（3）この系の伝達関数$G(s)$を計算し、最も近い数式を下記の〔数式群〕の中から選び、その番号を解答用紙の解答欄【C】にマークせよ。

〔数式群〕

① $\dfrac{121}{s^2+4.47s+89}$　② $\dfrac{133}{s^2+6.56s+101}$　③ $\dfrac{179}{s^2+8.32s+123}$

④ $\dfrac{209}{s^2+10.7s+139}$　⑤ $\dfrac{247}{s^2+12.4s+165}$

〔7. 工業材料〕

1 （1）～（4）の文章は、右図の鉄―炭素系平衡状態図について記述したものである。文章中の空欄【 A 】に最適と思われる数値を〔数値群〕から、【 B 】～【 J 】に最適と思われる語句を〔語句群〕から選び、その番号を解答用紙の解答欄【 A 】～【 J 】にマークせよ。

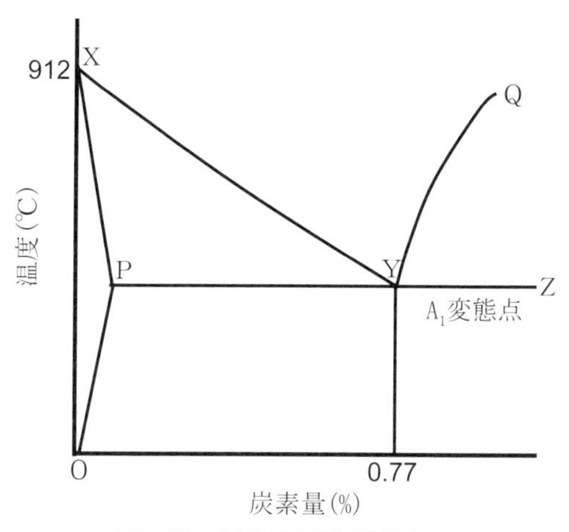

図　鉄―炭素系平衡状態図

（1）実線 PYZ は A_1 変態点であり、その温度は炭素量に関係なく【 A 】℃一定である。

〔数値群〕

① 427　　② 527　　③ 627　　④ 727　　⑤ 827

（2）実線 XY は【 B 】、実線 YQ は【 C 】であり、その温度は炭素量によって異なる。

〔語句群〕

① A_0 変態点　　② A_2 変態点　　③ A_3 変態点　　④ A_4 変態点　　⑤ A_{cm} 変態点

（3）焼ならしとは、【 D 】より 30 ～ 50℃高い温度に加熱して、組織を均一な【 E 】にしたのち【 F 】する操作である。また、完全焼なましとは、【 G 】以上に加熱して、【 H 】する操作である。

【 D 】、【 G 】の〔語句群〕

① 実線 XYQ　　② 実線 XPYZ　　③ 実線 XPYQ　　④ 実線 XYZ　　⑤ 実線 OPYZ

【 E 】の〔語句群〕

① マルテンサイト　　② パーライト　　③ セメンタイト（Fe_3C）

④ フェライト　　⑤ オーステナイト

【 F 】、【 H 】の〔語句群〕

① 水冷　　② 油冷　　③ 空冷　　④ 徐冷　　⑤ 急冷

(4) 実線 XYQ よりも高い温度に加熱された炭素鋼において、炭素量が 0.77% よりも少ない炭素鋼の場合、冷却過程で実線 XY を通過するときに、【 I 】が析出する。また、炭素量が 0.77% よりも多い炭素鋼の場合は、冷却過程で実線 YQ を通過するときに、【 J 】が析出する。

〔語句群〕

① フェライト　② マルテンサイト　③ セメンタイト（Fe_3C）
④ パーライト　⑤ オーステナイト

2 次に示す文章は、引張試験について記述したものである。文章中の空欄【 A 】～【 J 】に最適と思われる語句を下記の〔語句群〕から選び、その番号を解答用紙の解答欄【 A 】～【 J 】にマークせよ。ただし、重複使用は不可である。

引張試験において、【 A 】が小さいときは【 B 】であるから、荷重を除去すれば元の状態に戻る。【 B 】の領域では荷重と変形量が比例関係にあり、その比例定数は【 C 】または【 D 】という。また、この【 B 】の限界に相当する応力を【 E 】といい、これより大きな荷重を加えて、荷重を除去した後も永久ひずみが残るような変形を【 F 】という。

軟鋼など炭素量の少ない鋼の引張試験では、【 E 】を超えると荷重が増加しなくても、ひずみは増大する【 G 】が現れるが、一般の工業材料にはこの現象は現れないことが多い。【 G 】が現れない材料の場合には、【 H 】に相当する強度として、若干のひずみ（通常 0.2%）が生じる応力、すなわち【 I 】で評価する。

なお、機械設計にあたっては、想定される負荷応力が【 E 】内になるようにし、さらに【 J 】を考慮しなければならない。

〔語句群〕

① 弾性変形　② 安全率　③ 伸び　④ 塑性変形　⑤ 断面積
⑥ ヤング率　⑦ 衝撃値　⑧ 引張荷重　⑨ 絞り　⑩ 縦弾性係数
⑪ 降伏現象　⑫ 弾性限度　⑬ 降伏応力　⑭ 耐力

令和３年度　３級　試験問題Ⅰ　解答・解説

（1. 機構学・機械要素設計　4. 流体工学　8. 工作法　9. 機械製図）

〔1. 機構学・機械要素設計〕

1 解答

A	B	C	D	E	F	G	H	I	J	K
⑫	⑥	⑩	②	④	①	③	⑤	⑨	⑧	⑪

2

（1）**解答**

A
⑤

解説

せん断荷重 P、ボルトの断面積 $A = \frac{\pi}{4} a^2$ とすれば、

許容せん断応力 $\tau_a = \frac{P}{A} = 40\ \mathrm{MPa}$ [N/mm²] であるから

$$P = 40 \times \frac{3.14 \times 14^2}{4} = 6.15 \times 10^3\ \mathrm{N} = \underline{6.15\ \mathrm{kN}}$$

（2）**解答**

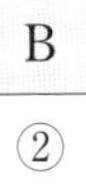

B
②

解説

伝達トルク T は、せん断荷重とフランジの中心からボルト穴の中心までの距離の積で求められるが、ボルトが 4 本あるので

$$T = nP\frac{B}{2} = 4 \times 6.15 \times 10^3 \times \frac{85}{2} \times 10^{-3} = \underline{1.05 \times 10^3\ \mathrm{N \cdot m}}$$

（3）**解答**

C
⑤

解説

伝達動力 H は、$H = T \times \dfrac{2\pi}{60} N$ であるから、

$$H = 1.05 \times 10^3 \times \frac{2 \times 3.14 \times 75}{60} = \underline{8.24\ \mathrm{kW}}$$

3

（1）**解答**

A
④

解説

設問の図より、$\sin\theta = \dfrac{d_2 - d_1}{2C} = \dfrac{0.5 - 0.25}{2 \times 1.8} = 0.069$

ここで、θ が小さい場合、$\theta \approx \dfrac{d_2 - d_1}{2C}$

と近似することができる。

したがって、従車プーリの巻き掛け角 $\phi_2 = \pi + 2\theta = 3.14 + 2 \times 0.069$

$= 3.287$［rad］$= \underline{188\text{ 度}}$

（2）**解答**

B
③

解説

ベルトの長さ L は、$L = \dfrac{d_2}{2}(\pi + 2\theta) + 2C\cos\theta + \dfrac{d_1}{2}(\pi - 2\theta)$

$$= \frac{\pi}{2}(d_1 + d_2) + \theta(d_2 - d_1) + 2C\cos\theta$$

ここで、θ が小さい場合、$\cos\theta = 1 - \dfrac{(d_2 - d_1)^2}{8C^2}$ と近似できるから、

$$L = \frac{\pi}{2}(d_1 + d_2) + \frac{d_2 - d_1}{2C} \times (d_2 - d_1) + 2C\left\{1 - \frac{(d_2 - d_1)^2}{8C^2}\right\}$$

$$= 2C + \frac{\pi}{2}(d_1 + d_2) + \frac{(d_2 - d_1)^2}{4C}$$

$$L = 2 \times 1.8 + \frac{3.14}{2} \times (0.5 + 0.25) + \frac{(0.5 - 0.25)^2}{4 \times 1.8} = \underline{4.79\ \mathrm{m}}$$

（3）**解答**

C
②

解説

原車プーリの巻き掛け角 $\phi_1 = \pi - 2 \times \theta = 3.14 - 2 \times 0.069 = 3.002\ \mathrm{rad}$

ベルトの速度 v は、

$$v = \frac{\pi d_1}{60} N_1 = \frac{3.14 \times 0.25}{60} \times 1350 = 17.7\ \mathrm{m/s}$$

ベルトに作用する遠心力が無視できないとき、張力は mv^2 増加する。

張り側の張力を T_1 とすると、［参考］および有効張力 $T_e = T_1 - T_2$ から

$$T_2 = \frac{T_e}{e^{\mu\phi_1} - 1} + mv^2 = \frac{30}{e^{0.3 \times 3.002} - 1} + 0.2 \times (17.7)^2 = \underline{83.2\ \mathrm{N}}$$

〔4. 流体工学〕

1 解答

A	B	C	D	E	F	G	H
②	②	③	④	③	①	②	①

解説

（1）水の密度は約 4 ℃がもっとも高く 1000 kg/m^3 である．5 ℃では 999.99 kg/m^3、0 ℃では 999.80 kg/m^3、10 ℃の水の密度は 999.73 kg/m^3、100 ℃では 958.38 kg/m^3 である。

（4）台風や竜巻など自然界における渦は、中心からあるところまでは強制渦で、それから外が自由渦という組合せになっている．これをランキンの組合せ渦という。

（5）仕切弁、ちょう形弁、コックでは全開のときの損失は小さくて無視できる場合も多い。ちょう形弁は種類によってはさきほどの 3 種類の弁よりも圧力損失が大きいものもあるが、玉形弁では全開のときでも相当な損失がある。

（8）ハーディ・クロス法は、一般に複雑な閉管路において流入流出が満足するように各管路に流量を仮定し、各節点における閉合誤差から求めた補正流量が十分に小さくなるまで近似する方法である。

ラグランジュの方法とオイラーの方法は流体の運動を調べる方法である。

2 解答

A	B
①	④

解説

（1）連続の式より、

$$Q_2 = A_2 v_2 = 8 \times 10^{-4} \times 2 = 1.6 \times 10^{-3}\ \mathrm{m^3/s}$$

$$Q_3 = A_3 v_3 = 5 \times 10^{-4} \times 4 = 2.0 \times 10^{-3}\ \mathrm{m^3/s}$$

よって、

$$Q_1 = Q_2 + Q_3 = 3.6 \times 10^{-3}\ \mathrm{m^3/s}$$

したがって、

$$v_1 = Q_1/A_1 = (3.6 \times 10^{-3}) / (12 \times 10^{-4}) = \underline{3.0\ \mathrm{m/s}}$$

（2）実物と模型ではレイノルズ数が同じになるので、動粘性係数をνとすると、

$$V_{実物} L_{実物} / \nu_{実物} = V_{模型} L_{模型} / \nu_{模型}$$

$\nu_{実物} = \nu_{模型}$なので

$$L_{模型} / L_{実物} = V_{実物} / V_{模型} = (80000/3600)/80 = 0.277 \fallingdotseq \underline{0.28}$$

〔8. 工 作 法〕

1 解答

A	B	C	D	E	F	G	H	I	J	K	L
⑧	①	⑫	⑥	⑪	③	⑤	⑦	⑨	④	②	⑩

解説

機械加工法を加工面から特定する問題であり、このような出題の形式は初めてであるが、重複使用不可なので容易に解答できると思われる。

まず語群にある加工法を切削加工、研削加工、仕上げ加工に分類する。したがって、【A】【B】‥‥‥と横方向に解答するより、【A】【D】【G】‥‥というように縦方向に解答したほうがわかりやすい。切削加工は④ボールエンドミル加工、⑤フライス加工、⑥中ぐり加工、⑧旋削加工なので、これらを加工面ごとに配置すればよいことになる。研削加工においては、①円筒研削、②弾性砥石研削、⑦平面研削、⑪内面研削を加工面ごとに分類する。残りの③ホーニング、⑨ラッピング、⑩形状倣い研磨、⑫超仕上げは、仕上げ加工に属する加工法である。

ほとんど目新しい加工法は見当たらないが、曲面加工に関して少し注釈を加えておく。自由曲面を含む曲面を切削加工で創成するには、先端が球形のエンドミルであるボールエンドミルを回転させながら、曲面に沿って動かすことで切削加工を行う。このときの工具経路はCAD/CAM システム等で作成し、数値制御（NC）工作機械（たとえばマシニングセンター）で自動加工を行う。

ボールエンドミルによる切削加工では工具が加工面に点接触をすることから、どんなに送りを小さくしても粗さ成分が表面に残ってしまう。この粗さを除去し平滑に仕上げるために、PVA などの弾性砥石を使用した研削加工が行われる。PVA 砥石は、ポリビニール・アルコールのアセタール化物を結合剤とするスポンジ状の弾性砥石であり、これを適度の荷重で表面に押し付け（面接触となる）ながら回転させて仕上げ面粗さを良好にする。さらに鏡面を追求するためには、創成された形状をくずさないように形状にならいながらの研磨を行うことになる。

2 解答

A	B	C	D	E	F	G	H
①	⑩	⑧	④	⑦	⑤	⑥	②

解説

加工方法はさまざまあるわけであるが、各加工法が存在する所以は、それらにほかの加工法にない特徴があるからである。その意味で本課題にあるように、特徴から加工法を特定する問題が出題されているのである。頻繁に出題されている加工法なので詳細な解説は必要ないと思われるが、各項目に関して多少のコメントをしておく。

【A】バレル加工は、1バレルごとのバッチ生産（ロット生産）である。したがって、ほかの流れ生産の加工機との工程管理が難しいが、放っておいても加工が終了するので加工自体は手間がかからない。ただし、寸法などの精度を確定することは困難であり、加工条件等も経験や勘に頼る部分も残っている。

【B】正解は電解加工であるが、説明文だけだと放電加工と誤解される可能性がある。加工変質層やバリが出ない以外に、同時に広い面積の加工ができること、複雑3次元形状の形彫りが可能なこと、電極が消耗しないことなどの利点があげられる。電解加工の応用として、電極に導電性砥石を用いた電解研削や電解現象を研磨に利用した電解研磨がある。

【C】レーザ加工は、高密度エネルギー加工法の一種である。レーザビームの発振の種類や形式によって特徴があるが、何より製造工程で利用する際には応用分野が広いことがあげられる。エネルギー密度を変えるもっとも単純な方法が、焦点をぼかす（デフォーカス）ことである。切断などであれば、もっとも高いエネルギー密度が必要であることから焦点で加工を行い、溶接などではエネルギーを分散させて加工を行うことになる。

【D】導電性の硬脆性材料であれば、放電加工で異形状の穴を加工することができる。非導電性材料（セラミックやガラスなど）に対しては、超音波加工が適用できる。超音波加工は超音波振動をする工具と工作物の間に砥粒を挿入することで、振動エネルギーが砥粒に伝わり工作物を削りとる加工法であり、工具は原理的には消耗しない。

【E】スプラインなどの複雑形状の穴を、多段の切れ刃で構成された棒状の工具（これをブローチと呼ぶ）を穴に通して引き抜くことで、一気に加工する方法がブローチ加工である。ブローチ盤という工作機械で加工を行う。

【F】鋳造の中でもとくに精度が高く、鋳物表面がきれいな鋳造法が精密鋳造である。ダイカストもその一方法であり、アルミニウム合金や亜鉛合金などの非鉄金属材料を対象に、カメラや事務用品などの部品製造に用いられている。

【G】鍛造は塑性加工に属する加工法である。鍛造で作られた部品の内部組織は、鍛流線と呼ばれる繊維組織となるために、繊維方向の引張強さや衝撃強さが高くなる。これを利用してスパナやクランクシャフトは鍛造で作られる。

【H】スピニング、またはへら絞りと呼ばれる塑性加工法である。量産には向いていないが、簡単な型によってさまざまな形状を有する円筒部品を作ることができる。照明用反射板やパラボラなどがこの方法で作られる。

〔9. 機械製図〕

1 解答

A	B	C	D	E	F	G	H	I	J
①	④	③	②	②	②	④	①	②	②

解説

機械製図に関する基本的な問題である。各設問において、正しく説明または表しているものについては番号の前に○をつけ、間違えている文章については、間違えている箇所にアンダーラインを引き、正しい語句を文末の（　　）内に示す。

【A】製図用紙に関する設問。

○ ① 原図を巻いて保管する場合、その内径は 40 mm 以上にするのがよい。

② 製図用紙に設ける必須事項は、輪郭線、材料表、中心マークである。（表題欄）

③ 製図用紙に用いられる用紙の大きさは、B0 ～ A4 である。（A0）

④ 製図用紙の使い方で、A3 以下の図面の配置は、長辺を縦方向、横方向いずれを用いても良い。（A4）

【B】2 種類以上の線が同じ場所に重なる場合の優先順位に関する設問。

① 外形線、中心線、かくれ線、切断線

② 外形線、中心線、切断線、かくれ線

③ 外形線、かくれ線、中心線、切断線

○ ④ 外形線、かくれ線、切断線、中心線

【C】寸法線の両端に付ける矢印、黒丸、斜線等を総称する名称に関する設問。

① 寸法記号

② 起点記号

○ ③ 端末記号

④ 矢印記号

【D】表面性状の粗さパラメータの正しい名称に関する設問。

① 十点平行粗さ

○ ② 算術平均粗さ

③ 突出平均粗さ

④ 最大最小粗さ

【E】寸法補助記号で間違って説明している文章を選ぶ設問。

① φ10は、“まる”または“ふぁい”と読み、直径10 mmという意味である。

○ ② 図面にC2と記入された場合、面取り角度30°、面取り寸法2 mmという意味である。（面取り角度45°）

③ Sφ30は、“えすまる”または“えすふぁい”と読み、球面の直径が30 mmという意味である。

④ □20は、“かく”と読み、正方形の辺が20 mmという意味である。

【F】幾何公差に関する設問。

① 幾何公差の種類には、形状公差、姿勢公差、位置公差の3種類がある。（振れ公差の4種類）

○ ② 姿勢公差には、平行度、直角度、傾斜度などがある。

③ データムを指示する文字記号は、ラテン文字の小文字を用いる。（大文字）

④ データム指示を必要としない幾何特性には、同軸度、位置度などがある。（する）

【G】特定部分の図形が小さい場合、詳細な図示や寸法を記入するために、その部分を拡大して表す図の正しい名称に関する設問。

① 部分詳細図

② 拡大詳細図

③ 部分展開図

○ ④ 部分拡大図

【H】寸法の普通公差の公差等級記号の記述に関する設問。

○ ① 精　級……… f

② 極粗級……… c（v）

③ 粗　級……… m（c）

④ 中　級……… v（m）

【I】材料記号に関する設問。

① FC250……… 球状黒鉛鋳鉄品（ねずみ鋳鉄品）

○　② AC1B ……… アルミニウム合金鋳物

③ SUS403 ……… ばね鋼鋼材（ステンレス鋼）

④ SS400 ……… 機械構造用炭素鋼鋼材（一般構造用圧延鋼材）

【Ｊ】自動調心玉軸受の個別簡略図示方法に関する設問。

転がり軸受の図示方法は、**表１**に示すように調心できない転動体の軸線を長い実線の直線、調心できる転動体の軸線を長い実線の円弧で示す。**図２**は、転がり軸受の個別簡略図示方法の例を示す。自動調心玉軸受の個別簡略図示は、**図１**の②**が正解**である。

②

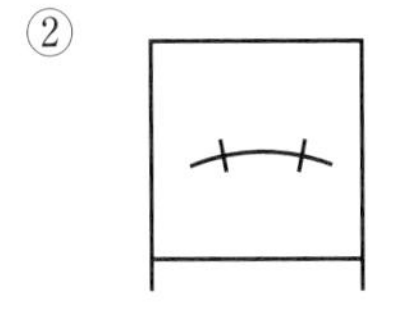

図１

表１　個別簡略図示方法の要素

番号	要素	説明	用い方
1.1	(1)	長い実線(3)の直線	この線は、調心できない転動体の軸線を示す。
1.2	(1)	長い実線(3)の円弧	この線は、調心できる転動体の軸線、または調心輪・調心座金を示す。
1.3	他の表示例 (2) (2) (2)	短い実線(3)の直線で、番号1.1または1.2の長い実線に直交し、各転動体のラジアル中心線に一致する。 円 長方形 細い長方形	転動体の列数および転動体の位置を示す。 玉 ころ 針状ころ、ピン

注 (1) この要素は、軸受の形式によって傾いて示してよい。　(JIS B 0005-2：1999)
(2) 短い実線の代わりに、これらの形状を転動体として用いてもよい。
(3) 線の太さは、外形線と同じとする。

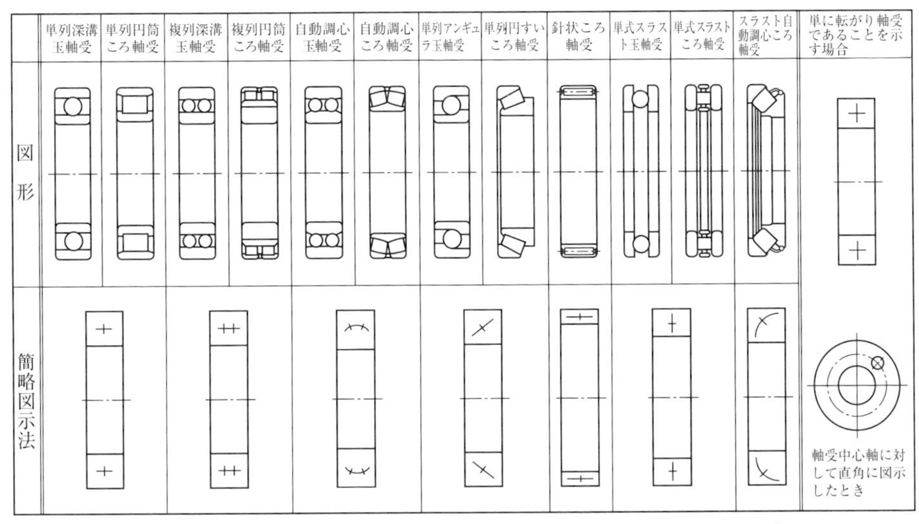

図２　転がり軸受の略画方法(JIS B 0005-1、JIS B 0005-2：1999)

2 解答

A	B	C	D	E
②	②	②	③	②

解説

寸法表示および断面図についての問題である。

【A】半径の寸法表示に関する設問。

半径の寸法表示は、半径の記号“R”を寸法数値の前に、寸法数値と同じ文字高さで記入する。

図3の②が正解である。

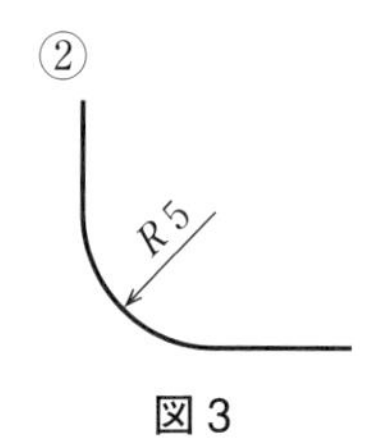

図3

【B】穴の直径の寸法表示に関する設問。

穴の直径を指示する引出線は、**図4**のように矢印を穴の中心に向け、矢印記号が穴の外形線に接するように引き出す。

図4の②が正解である。

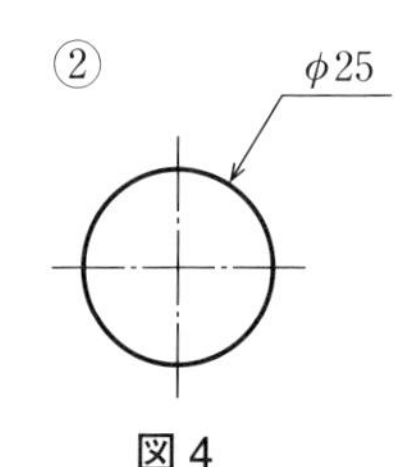

図4

【C】全断面図に関する設問。

全断面図とは、対象物全体を切断して得られる断面図をいう。断面部分だけではなく、関係する外形線も描く。

図5の②が正解である。

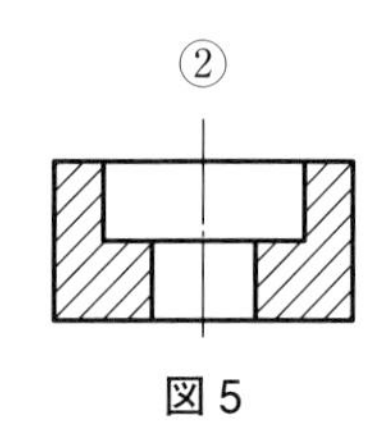

図5

【D】部分断面図に関する設問。

部分断面図とは、外形図において、必要とする要所の一部だけを断面図として表した図をいう。破断線が入る。

図6の③が正解である。

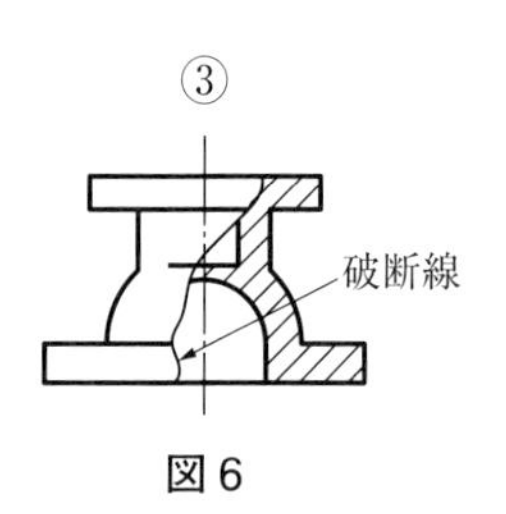

図6

【E】片側断面図に関する設問。

片側断面図とは、対称中心線を境にして、いずれか一方を断面図とするもので、外形図の半分と全断面図の半分とを組み合わせて描いた図をいう。

図7の②が正解である。

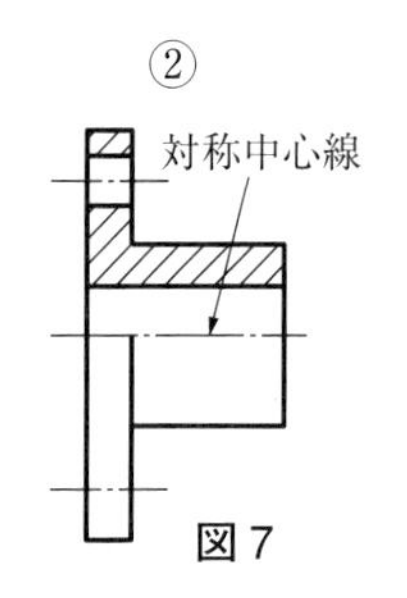

図7

3 解答

A	B	C	D	E	F	G	H	I	J	K	L	M
⑧	④	⑥	⑨	⑬	②	③	⑤	⑩	①	⑪	⑫	⑦

解説

機械製図における線の用法を**図 8** に示す。

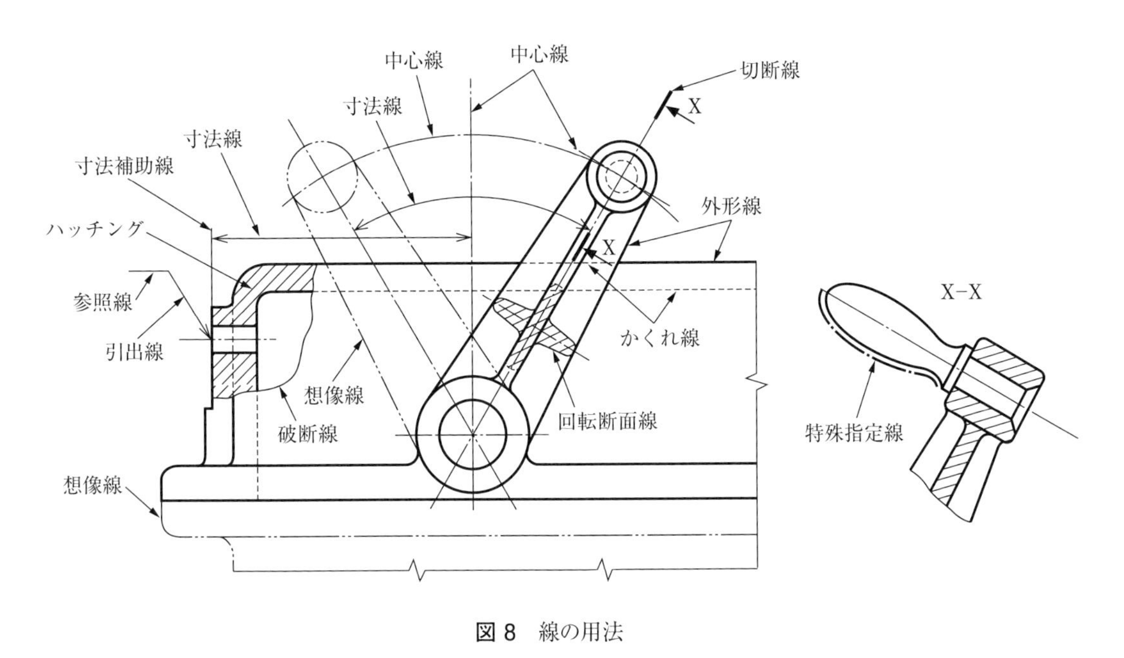

図 8　線の用法

4 解答

A	B	C	D	E	F	G	H	I	J	K	L	M
⑩	⑨	④	③	②	①	⑥	⑤	⑨	④	③	②	①

解説

JIS 機械製図において、穴と軸のサイズ公差およびはめあいに関する用語が規定されている。

サイズ公差に関する用語と定義を**表 2** に示す。また、用語と関係位置を**図 9** に示す。

問題の図のはめあいは、穴の下の許容サイズが軸の上の許容サイズより大きいのですきまばめである。穴の上の許容サイズと軸の下の許容サイズとの差を最大すきまといい、穴の下の許容サイズと軸の上の許容サイズとの差を最小すきまという。

表 2　サイズ公差の用語と定義

用　語	定　　義	記　　号		旧規格JIS B 0401-1：1998 用語
		穴	軸	
図示サイズ	図示によって定義された完全形状の形体のサイズ	C	c	基準寸法
上の許容サイズ	サイズ形体において、許容のできる最大のサイズ	A	a	最大許容寸法
下の許容サイズ	サイズ形体において、許容のできる最小のサイズ	B	b	最小許容寸法
サイズ公差	上の許容サイズと下の許容サイズとの差	$T=A-B$	$t=a-b$	寸法公差
上の許容差	上の許容サイズから図示サイズを減じたもの	$D=A-C$	$d=a-c$	上の寸法許容差
下の許容差	下の許容サイズから図示サイズを減じたもの	$E=B-C$	$e=b-c$	下の寸法許容差

※サイズ形体：長さまたは角度に関わるサイズによって定義された幾何学的形状

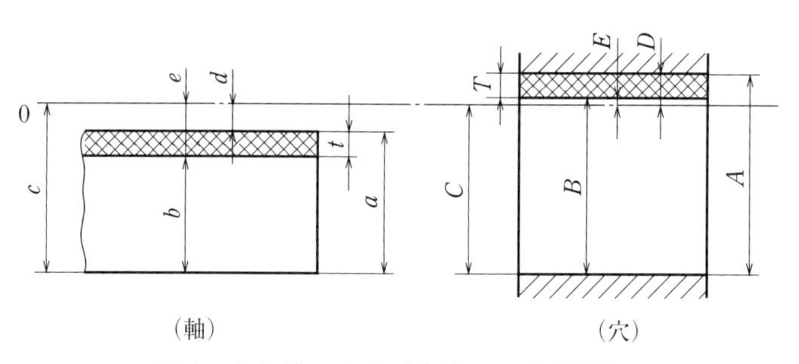

図 9　穴と軸のサイズ公差および許容差

5　解答

A	B	C	D	E	F
⑤	①	⑦	⑥	②	②

解説

溶接記号に関する設問である。溶接記号についてはJIS Z 3021 溶接記号に規定されている。

溶接記号は、溶接部の形状を表す基本記号（**表 3**）と溶接部の表面性状や仕上げ方法などを表す補助記号（**表 4**）で指示する。

溶接記号は、**図 10**（a）に示すように、基線、矢および尾で構成され、必要に応じて寸法を添え、尾を付けて補足的な指示をする。尾は必要なければ省略できる。基線は水平線とし、基本記号や寸法を描く。矢は溶接部を指示するもので、基線に対し、なるべく60°の直線で描く。

レ形、J 形、レ形フレアなどの非対称な溶接部において、開先をとる部材の面、またはフレアのある部材の面を指示する場合は、**図 11** に示すように矢を折れ線とし、開先をとる面またはフレアのある面に矢の先端を向ける。

溶接記号の基本記号の記入方法は、**図 11** に示すように溶接する側が矢の側または手前のときに基線の下側に、矢の反対側または向こう側を溶接するときには基線の上側に密着して記入する。

表3　基本記号

溶接の種類	記号		溶接の種類	記号
	矢の反対側または向こう側	矢の側または手前側		両側
I形開先溶接				
V形開先溶接			X形開先溶接	
レ形開先溶接			K形開先溶接	
J形開先溶接				
U形開先溶接			H形開先溶接	
V形フレア溶接				
レ形フレア溶接				
へり溶接				
すみ肉溶接				
プラグ溶接 スロット溶接				
肉盛溶接				
ステイク溶接				
抵抗スポット溶接				
溶融スポット溶接				
抵抗シーム溶接				
溶融シーム溶接				
スタッド溶接				

注）水平な細い点線は基線を示す。　　(JIS Z 3021：2016による)

表4　補助記号

名称		補助記号	備考
溶接部の表面形状	平ら 凸形 凹形 滑らかな止端仕上げ		溶接後仕上げ加工を行わないときは、平らまたは凹みの記号で指示する。
溶接部の仕上方法	チッピング グラインダ 切削 研磨	C G M P	機械仕上げの場合
裏波溶接 裏当て 全周溶接 現場溶接			裏当て材の種類などは、尾などに記載する。

(JIS Z 3021：2016による)

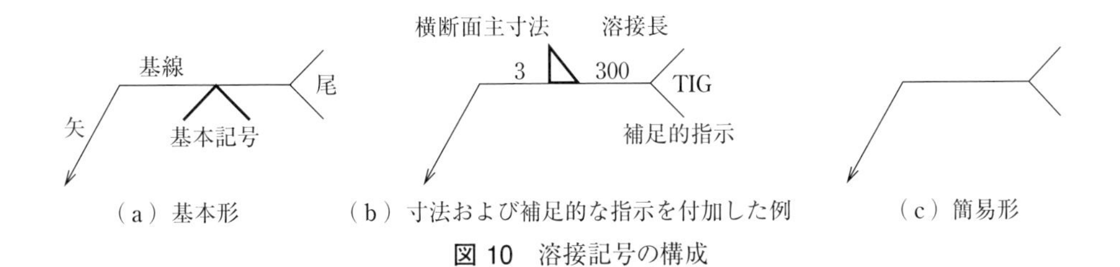

（a）基本形　（b）寸法および補足的な指示を付加した例　（c）簡易形

図10　溶接記号の構成

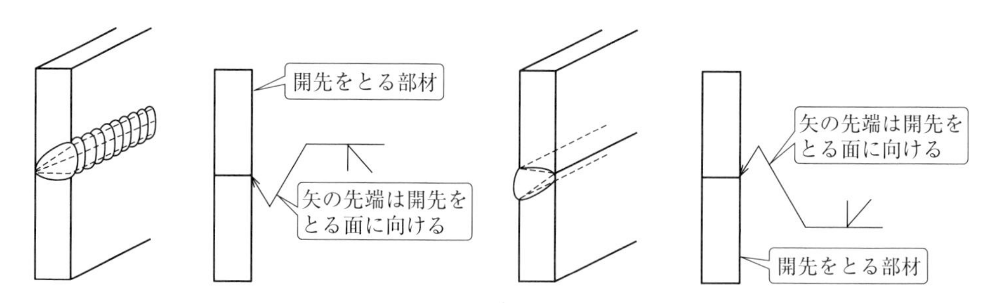

図 11　基本記号の指示方法

（1）**図 12** は、U 形開先の部分溶込み溶接の実形図を示す。突合せ溶接で、開先溶接の場合には開先深さや溶接深さなどの横断面寸法は、基本記号の左側に記載する。溶接深さは、開先深さの後に括弧を付けて記載する。ルート間隔および開先角度は、基本記号に添え、ルート半径は尾に記載する（**図 13**）。

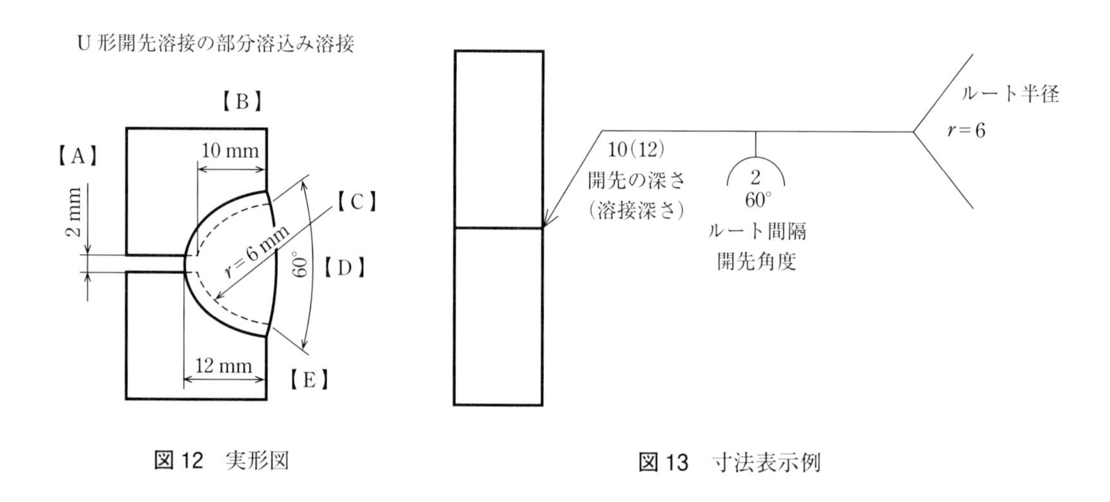

図 12　実形図

図 13　寸法表示例

（2）**図 14** は、全周現場溶接で連続すみ肉溶接円管の実形図を示す。

すみ肉溶接は、溶接する側が矢の側にあるので、基本記号（◺）を基線の下側に記入する。

また、**表 4** の補助記号から全周溶接の補助記号（○）、現場溶接の補助記号（⚑）は、引出線と基線の交差する点の上に記入する。したがって、**②が正解**である（**図 15**）。

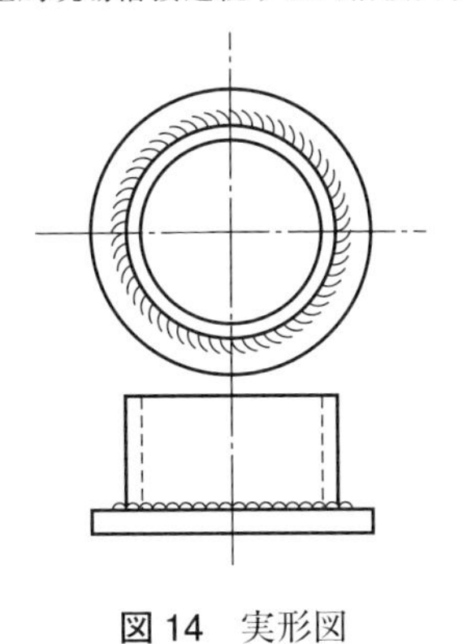

図 14　実形図

②

図 15　溶接記号の記入例

6 解答

A	B
①	③

解説

【A】 **図 16** に表される正投影図から該当する立体図を**図 17** ①〜④より選択する。

正面図は台形であるので③は三角形で該当しない。正面図、平面図から立体図を考えると、立体に四角の空洞があることから、**①が正解**である。

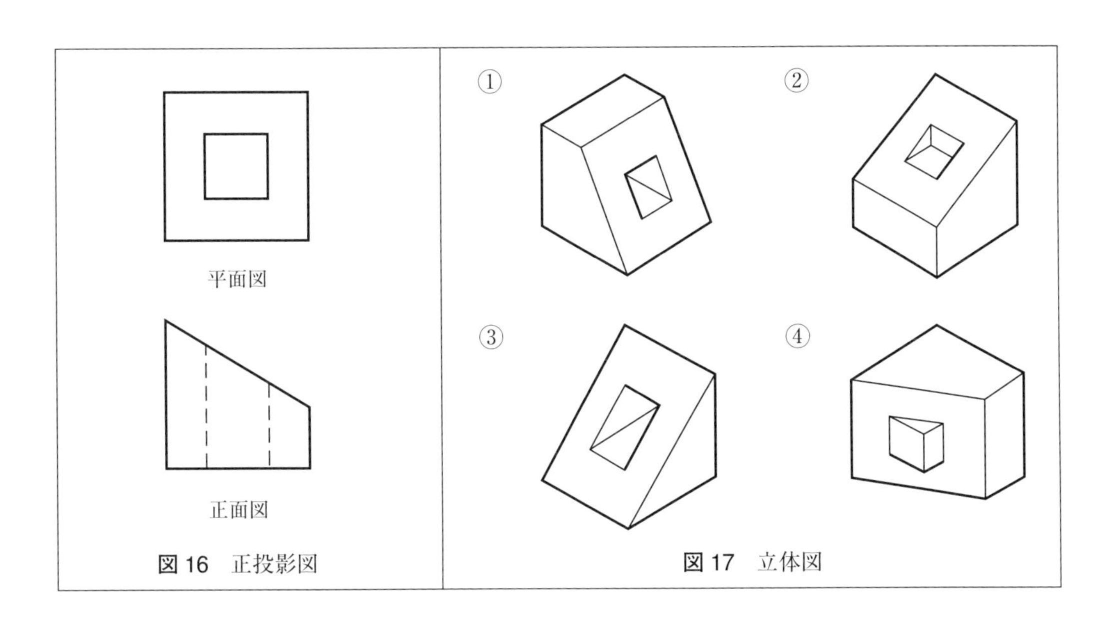

図 16　正投影図

図 17　立体図

【B】 **図18**に表される正投影図から該当する立体図を**図19**①～④より選択する。

正面図に該当する立体図は①と③である。平面図に該当する立体は③**が正解**である。

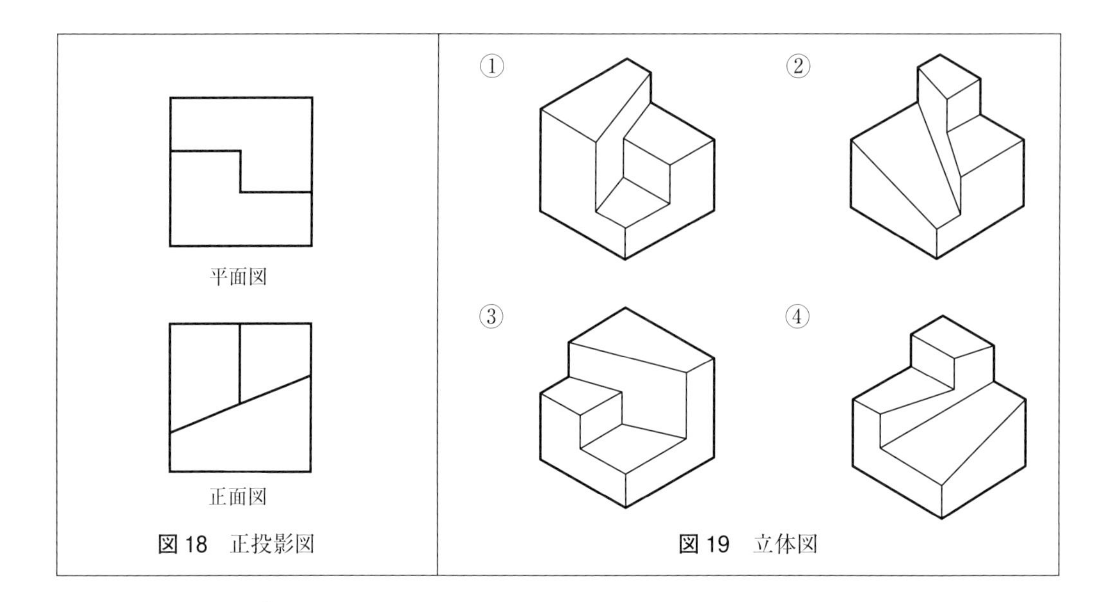

図18 正投影図　　**図19** 立体図

令和３年度　３級　試験問題Ⅱ　解答・解説

（2. 材料力学　3. 機械力学　5. 熱工学　6. 制御工学　7. 工業材料）

〔2. 材料力学〕

1　解答

A	B	C	D
④	⑤	④	②

解説

（1）軟鋼（低炭素鋼）の縦弾性係数は $E = 206$ GPa とするのが一般的である。

（2）軟鋼製棒材 PR の張力 T の y 方向成分 T_y とすると、

$$T_y = T\sin\theta = \frac{T}{\sqrt{2}} \quad \cdots\cdots\cdots [1]$$

点 O まわりの力のモーメントのつり合いは、

$$T_y \cdot \ell = \frac{W \cdot 3\ell}{2}$$

上式に、式［1］を用いて

$$\frac{T}{\sqrt{2}} = \frac{W \cdot 3}{2}$$

$$\therefore \quad T = \frac{3W}{\sqrt{2}}$$

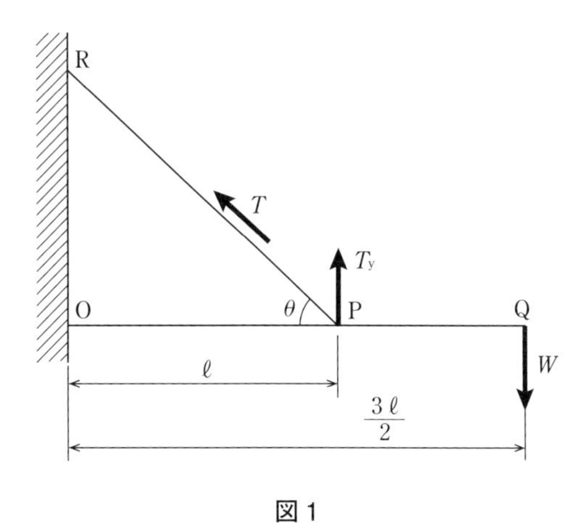

図 1

（3）軟鋼製棒材 PR の伸びを λ とすると、PR $=\sqrt{2}\,\ell$ だから

$$\lambda = \frac{T \cdot \mathrm{PR}}{AE}$$

$$= \frac{3W \cdot \sqrt{2}\,\ell}{\sqrt{2}\,AE} = \frac{3W \cdot \ell}{AE}$$

（4）$\lambda = \dfrac{3W \cdot \ell}{AE} = \mathrm{PP}''$ とすると、

$$\mathrm{PP}' = \sqrt{2}\,\lambda$$

△ OPP′ ∽△ OQQ′ だから

図 2 を参照すると

$$\frac{QQ'}{PP'} = \frac{OQ}{OP} = \frac{3\ell}{2} \times \frac{1}{\ell}$$

$$\delta_y = QQ' = \frac{3\sqrt{2}\,\lambda}{2} = \frac{9W\cdot\ell}{\sqrt{2}\,AE}$$

これに数値を代入して

$$\delta_y = \frac{9 \times 15 \times 10^3 \times 1.4}{\sqrt{2} \times 1.2 \times 10^{-4} \times 206 \times 10^9}$$

$$= 0.5406 \times 10^{-2} = 5.4 \times 10^{-3}\,\text{m}$$

$$= \underline{5.4\,\text{mm}}$$

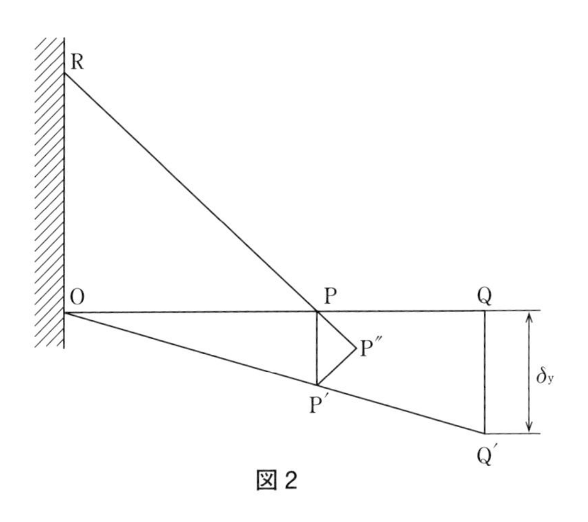

図 2

2 解答

A	B	C	D	E
③	②	③	①	⑤

解説

（1）支点反力 R_A を求める。点 B まわりの力のモーメントのつり合い式は、

$$R_A \cdot 4\ell - W \cdot 3\ell + W\ell = R_A \cdot 4\ell - W \cdot 2\ell = 0$$

$$\therefore \quad R_A = \frac{W}{2}$$

（2）支点 A から距離 x（$\ell < x < 3\ell$）の位置に作用する曲げモーメントを M_x とする。

右図の点 X まわりの力のモーメントは、

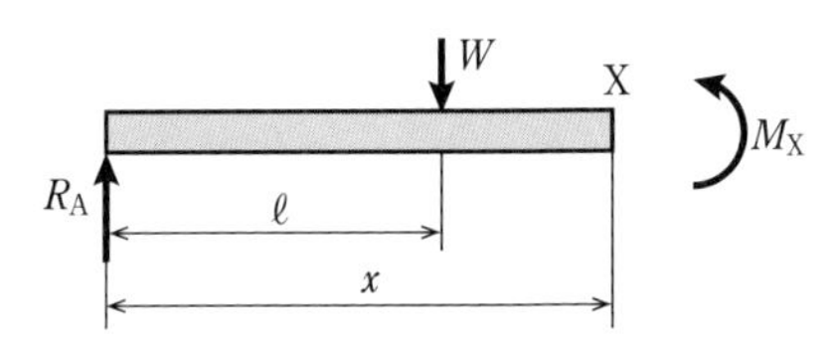

$$M_x = R_A \cdot x - W \cdot (x - \ell)$$

$$= \frac{W}{2} \cdot x - W \cdot (x - \ell)$$

$$= \frac{W}{2} \cdot (2\ell - x)$$

（3）支点 A から距離 x の位置に作用する曲げモーメントを M_x、せん断力を F_x とする。

ⅰ）$0 < x < \ell$ のとき

右図に関する力のつり合い式は、

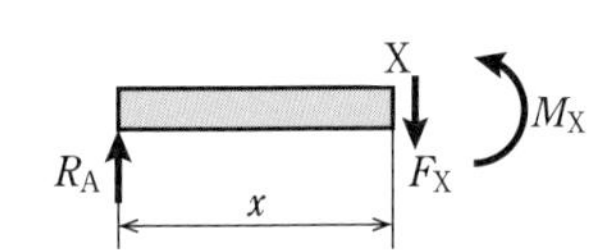

$$F_x = R_A = \frac{W}{2}$$

点Xに関する力のモーメントのつり合い式は、

$$M_x = R_A \cdot x = \frac{W}{2} x$$

ii）$\ell < x < 3\ell$ のとき

右図に関する力のつり合い式は、

$$F_x = R_A - W = -\frac{W}{2}$$

点Xに関する力のモーメントのつり合い式は、

$$M_x = R_A \cdot x - W \cdot (x - \ell) = \frac{W}{2} \cdot (2\ell - x)$$

iii）$3\ell < x < 4\ell$ のとき

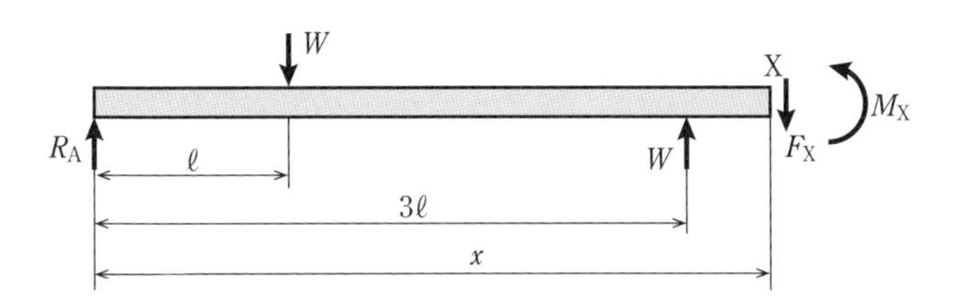

上図に関する力のつり合い式は、

$$F_x = R_A - W + W = \frac{W}{2}$$

点Xに関する力のモーメントのつり合い式は、

$$M_x = R_A \cdot x - W \cdot (x - \ell) + W(x - 3\ell)$$

$$= \frac{W}{2}(x - 4\ell)$$

条件 i）、ii）および iii）で求めたせん断力 F_x と曲げモーメント M_x を図示すると下図を得る。

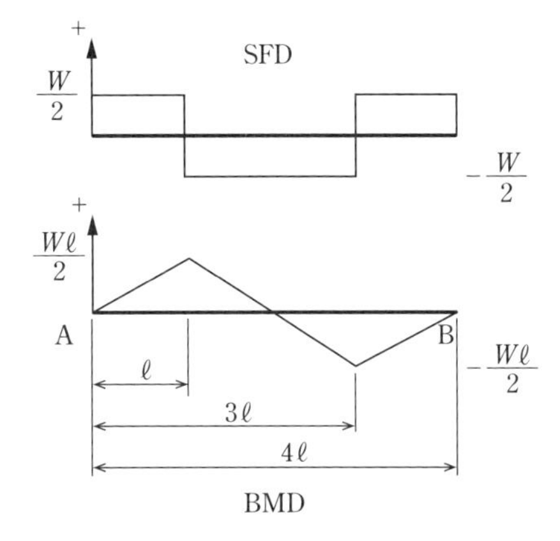

（4）外形の断面二次モーメントから内形の断面二次モーメントを減ずることにより、所望の断面二次モーメント I が求められる。

$$I = \frac{1}{12}\left[bh^3 - \left(\frac{b}{2}\right) \times \left(\frac{h}{2}\right)^3\right] = \frac{15bh^3}{12 \times 16} = \frac{15\left[(30 \times 10^{-3}) \times (40 \times 10^{-3})^3\right]}{12 \times 16}$$

$$= \underline{15 \times 10^{-8}\ \mathrm{m}^4}$$

（5）前問で求めた、断面二次モーメント I をはりの中立軸からはりの外周までの距離 $h/2$ で除することにより、このはりの断面係数 Z が求められる。

$$Z = I \times \frac{2}{h} = \frac{15\left[(30 \times 10^{-3}) \times (40 \times 10^{-3})^3\right]}{12 \times 16} \times \frac{2}{40 \times 10^{-3}}$$

$$= 75 \times 10^{-7}\ \mathrm{m}^3$$

よって最大曲げモーメント応力 σ_{max} は

$$\sigma_{\mathrm{max}} = \frac{M_{\mathrm{max}}}{Z} = \frac{R_{\mathrm{A}} \times \ell}{Z} = \frac{1.1 \times 10^3}{75 \times 10^{-7}} = 1.466 \times 10^8\ \mathrm{N/m^2}$$

$$= \underline{147\ \mathrm{MPa}}$$

〔3. 機械力学〕

1 解答

A	B	C
②	⑤	①

解説

力とモーメントの静的なつり合いと合力に関する問題である。

（1）A点回りのモーメントのつり合いより

$$P_B\ (a+b) = W \cdot a$$

これより P_B は以下の式で求められる。

$$P_B = \frac{W \cdot a}{a+b}$$

（2）P_B と F との関係は、輪軸Eの左右回りのモーメントのつり合いより

$$\frac{P_B}{2} \times r = F \cdot R$$

これより P_B は以下の式で求められる。

$$P_B = \frac{2 \cdot F \cdot R}{r}$$

（3）（1）と（2）の P_B が等しいとして

$$\frac{W \cdot a}{a+b} = \frac{2 \cdot F \cdot R}{r}$$

これより F は以下の式で求められる。

$$F = \frac{W \cdot r \cdot a}{2R(a+b)}$$

2 解答

A	B	C
③	④	⑤

解説

斜面におかれた物体に作用する力に関する問題である。

（1）引き上げるときには、摩擦力は下向きに作用する。したがって、質量 m_1 を引き上げる力 T_1 は、重力 m_1g の斜面に沿う方向の力成分 $m_1g\sin 30^\circ$ と斜面の摩擦力 $\mu_1 \cdot m_1g\cos 30^\circ$ の合力であることにより、以下の式で求められる。

$$
\begin{aligned}
T_1 &= m_1g\sin 30^\circ + \mu_1 \cdot m_1g\cos 30^\circ \\
&= \frac{1}{2}m_1g + \frac{\sqrt{3}}{2}m_1g \cdot \mu_1 \\
&= \frac{1}{2}m_1g(1 + \sqrt{3}\mu_1) \\
&= \frac{1}{2}m_1g(1 + \sqrt{3} \times 0.2) \\
&\fallingdotseq \underline{0.67\,m_1g}
\end{aligned}
$$

（2）（1）と同様にして

$$
\begin{aligned}
T_2 &= m_2g\sin 60^\circ + \mu_2 \cdot m_2g\cos 60^\circ \\
&= \frac{\sqrt{3}}{2}m_2g + \frac{1}{2}m_2g \cdot \mu_2 \\
&= \frac{1}{2}m_2g(\sqrt{3} + \mu_2) \\
&= \frac{1}{2}m_2g(\sqrt{3} + 0.4) \\
&\fallingdotseq \underline{1.07\,m_2g}
\end{aligned}
$$

（3）物体が滑り落ちようとするときには、摩擦力は上向きに作用するために、その分だけ支える力は小さくてすむ。したがって、（1）、（2）の式中の摩擦力をマイナスに取ることで以下の式が成り立つ。

各斜面を降下しないための支える力を T_1'、T_2' とすると、

$$T_1' = m_1 g \sin 30° - \mu_1 \cdot m_1 g \cos 30°$$

$$= \frac{1}{2} m_1 g - \frac{\sqrt{3}}{2} m_1 g \cdot \mu_1$$

$$= \frac{1}{2} m_1 g (1 - \sqrt{3} \times 0.2)$$

$$\fallingdotseq 0.33 m_1 g$$

$$T_2' = m_2 g \sin 60° - \mu_2 \cdot m_2 g \cos 60°$$

$$= \frac{\sqrt{3}}{2} m_2 g - \frac{1}{2} m_2 g \cdot \mu_2$$

$$= \frac{1}{2} m_2 g (\sqrt{3} - 0.4)$$

$$\fallingdotseq 0.67 m_2 g$$

$T_1' = T_2'$ より

$$\frac{m_1}{m_2} = \frac{0.67}{0.33} \fallingdotseq \underline{2.03}$$

3 解答

A	B	C	D	E	F
④	⑤	②	⑤	④	②

解説

歯車減速機の伝動軸に関する問題である。

（1）モータ軸の周速度 v［m/sec］は、軸径を d［m］、回転速度 n［min^{-1}］とすると以下の式で求められる。

$$v = \frac{\pi d n}{60}$$

（2）キー溝に作用する接線力 f［N］は、伝達トルクを T［N·m］とすると以下の式で求められる。

$$f = \frac{T}{(d/2)} = \frac{2T}{d}$$

（3）モータの伝達動力 L ［W］は、以下の式で求められる。

$$L = f \times v = \frac{2T}{d} \times \frac{\pi dn}{60} = \frac{T\pi n}{30}$$

これより

$$T = \frac{30L}{\pi n}$$

（4）軸継手 D の直径 D_1 ［m］のボルト軸中心円周上に作用する接線力 F_1 ［N］は、伝達トルクを T とすると

$$F_1 = \frac{T}{(D_1/2)} = \frac{2T}{D_1}$$

ここで、$T = \dfrac{30L}{\pi n}$ であることにより、F_1 は以下の式で求められる。

$$F_1 = \frac{2}{D_1} \times \frac{30L}{\pi n} = \frac{60L}{D_1 \pi n}$$

（5）軸継手のボルト1本あたりのせん断力［N］は、以下の式で求められる。

$$\frac{F_1}{4} = \frac{15L}{D_1 \pi n}$$

（6）歯車の基準円周上に生じる接線力 F_2 ［N］は、歯車の基準円直径を D_2 ［m］とすると、以下の式で求められる。

$$F_2 = \frac{T}{(D_2/2)} = \frac{2T}{D_2} = \frac{2}{D_2} \times \frac{30L}{\pi n} = \frac{60L}{D_2 \pi n}$$

〔5. 熱 工 学〕

1 解答

A	B	C	D	E	F	G
②	⑥	⑤	④	⑩	⑧	⑫

解説

自動車のエンジンは、作動流体に熱サイクルを行わせて連続的に動力を取り出し、空調装置は、連続的に動力を取り出したり、逆に動力を与えることで暖房にしたり、冷房にしたりしている。

一般にサイクルを表す p - V 線図（p：圧力、V：体積）において、サイクルは時計回りに行われる場合と反時計回りに行われる場合がある。時計回りにサイクルが行われる場合では、1サイクルごとに仕事が発生して外部に与えられる。これは熱機関のサイクルといわれる。

1サイクルの間に作動流体が外部の高温熱源から受け取る熱量を Q_H、外部の低温熱源に捨てる熱量を Q_L とし、外部に仕事 L をしたとすれば、この熱効率 η_{th} は、式 $\eta_{th} = L/Q_H$ によって定義される。そして、外部に対して行う仕事 L は、熱力学第1法則の関係によって $L = Q_H - Q_L$ で与えられる。

このサイクルを理想化したカルノーサイクルの過程は、高温熱源温度を T_H とすると、状態1から状態2に等温膨張して熱量 Q_H を受け取り、状態2から状態3に断熱膨張、状態3から状態4には低温熱源温度を T_L とすると、等温圧縮して熱量 Q_L を放出し、さらに状態4から断熱圧縮して元の状態1に戻る可逆サイクルである。この場合、熱量と熱力学的温度（絶対温度）を関係づけることができ、$Q_H/Q_L = T_H/T_L$ が成り立つ。

また、$L = Q_H - Q_L$ を代入し、この関係を熱効率の定義式に適用すると、カルノーサイクルでは熱効率 η_{th} を温度だけで表すことができ、$\eta_{th} = (T_H - T_L)/T_H$ で求められる。

もし、高温熱源の温度が1700 ℃とし、低温熱源温度を20 ℃とすると、このカルノーサイクルの熱効率 η_{th} は

$$\eta_{th} = \frac{(273 + 1700) - (273 + 20)}{273 + 1700} = 0.85$$

より85%となる。

2 解答

A	B	C	D	E	F	G	H
①	⑦	③	⑨	⑤	⑪	⑩	⑧

解説

まず、理想気体の定圧比熱 c_p は比熱比 κ と気体定数 R を用いて

$$c_p = \frac{\kappa}{\kappa - 1} R$$

により求められ、値を代入すると

$$c_p = \frac{1.4}{0.4} \times 0.2872 = \underline{1.0}\ \mathrm{kJ/kgK}$$

となる。この気体の質量 m を求めるには理想気体の状態式 $\underline{p_1V_1 = mRT_1}$ より

$$m = \frac{P_1V_1}{RT_1} = \frac{0.2 \times 10^6 \times 2.0}{0.2872 \times (273 + 15) \times 1000} = \underline{4.8}\ \mathrm{kg}$$

となる。

定圧変化における、体積と温度との関係は

$$\underline{\frac{V_1}{T_1} = \frac{V_2}{T_2}}$$ より

$$T_2 = \frac{V_2}{V_1} \times T_1 = 3 \times (273 + 15) = \underline{864}\ \mathrm{K}$$

したがって温度上昇は、$864 - 288 = 576\ \mathrm{K}$

外部にした仕事を W_{12} とすると、定圧変化における閉じた系の仕事（絶対仕事）は

$$W_{12} = p\ (V_2 - V_1) = 0.2 \times 10^6 \times (2 \times 3 - 2) = 0.8 \times 10^6\ \mathrm{N \cdot m} = \underline{800}\ \mathrm{kJ}$$

外部から受けた熱量を Q_{12} とすると、定圧変化においては

$$Q_{12} = mc_p\ (T_2 - T_1)$$

で求められる。

上述で求められた値を代入すると

$$Q_{12} = 4.8 \times 1.0 \times 576 = 2765\ \mathrm{kJ} = \underline{2.8}\ \mathrm{MJ}$$

となる。

〔6. 制御工学〕

1 解答

A	B	C	D	E	F	G	H	I
⑥	①	③	②	⑨	⑧	④	⑤	⑦

解説

- 制御の目的は、制御系が安定かつ望まれる挙動を示すように設計者が制御装置を設計することであり、その第一歩は制御系の応答を調べることである。
- 要素やシステムの特性を知るには、ある規則的な入力を与え、そのとき得られる反応（応答）から動特性を評価する。
- 規則的な入力として、過渡応答では「ステップ入力」や「インパルス入力」、周波数応答では「正弦波入力」を与える。
- 制御システムを設計する際に、評価の対象となる主な特性は、「安定性」「速応性」「定常特性」の3つである。
- 制御特性を表す指標として、次のような特性量があり、制御系設計の評価に用いられる。

［時間応答特性の指標］

【A】整定時間:応答が定常値の± 5%（または± 2%）以内の値に減衰するまでの時間（安定性，速応性）

【B】行き過ぎ時間：応答が最大値に至るまでの時間（速応性）

【C】遅れ時間：応答が定常値の 50%に達するまでの時間（速応性）

【D】行き過ぎ量：応答の定常値と最大値との差（安定性）

【E】定常偏差：目標値と定常値が一致しない場合の差（定常特性）

【F】立ち上がり時間：応答が定常値の 10%から 90%に達するまでの時間（速応性）

［周波数応答特性の指標］

【G】共振値：ゲイン曲線の最大値（安定性）

【H】共振周波数：共振値を生ずる角周波数（速応性）

【I】帯域幅：ゲイン曲線が $1/\sqrt{2}$（－ 3dB）となる周波数（速応性）

2

(1) **解答**

A
②

解説

［参考］の式において、行き過ぎ時間 t_p のとき、最大出力が y_m となるので、

$$\sin\left(\omega_n\sqrt{1-\zeta^2}\,t_p+\phi\right)=\sin(\pi+\phi)=-\sin\phi$$

であり、

$$y(t_p)=y_m=K\left(1+\frac{e^{-\zeta\omega_n t_p}}{\sqrt{1-\zeta^2}}\sin\phi\right)=K\left(1+e^{-\zeta\omega_n t_p}\right)$$

両辺の対数をとって計算を進めていくと

$$\omega_n=\sqrt{\left(\frac{1}{t_p}\ln\frac{K}{y_m-K}\right)^2+\left(\frac{\pi}{t_p}\right)^2}=\sqrt{\left(\frac{1}{0.3}\ln\frac{1.5}{1.8-1.5}\right)^2+\left(\frac{3.14}{0.3}\right)^2}=\underline{11.8\ \mathrm{rad/s}}$$

(2) **解答**

解説

［参考］の式から

$$\zeta=\frac{1}{\omega_n t_p}\ln\frac{K}{y_m-K}=\frac{1}{11.8\times0.3}\ln\frac{1.5}{1.8-1.5}=\underline{0.455}$$

(3) **解答**

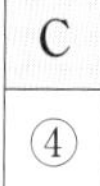

解説

2次遅れ系の伝達関数標準形は、

$$G(s)=\frac{K\omega_n^2}{s^2+2\zeta\omega_n s+\omega_n^2}$$

であるから

$$G(s)=\frac{1.5\times11.8^2}{s^2+2\times0.455\times11.8s+11.8^2}=\underline{\frac{209}{s^2+10.7s+139}}$$

〔7. 工業材料〕

1 解答

A	B	C	D	E	F	G	H	I	J
④	③	⑤	①	⑤	③	④	④	①	③

解説

図１を参照のこと。

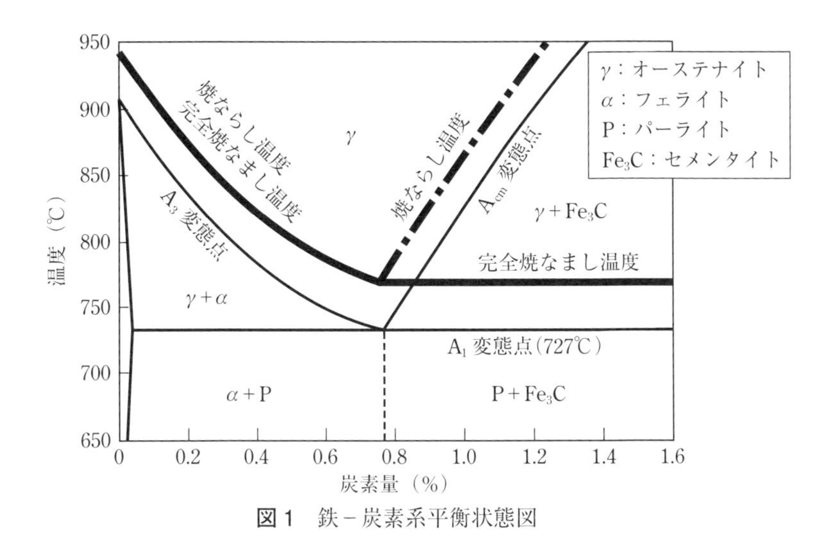

図１　鉄－炭素系平衡状態図

・完全焼なまし

機械構造用炭素鋼および機械構造用合金鋼にはよく施される焼なまし処理で、主な目的は組織の調整と軟化である。鋳造や鍛造したままでは組織が不均一で、しかも結晶粒が粗大化して機械的性質が劣化していることが多い。このような場合に、A_3 変態点より 30 ～ 50 ℃高い温度に加熱して均一なオーステナイト組織にしてから徐冷すると、フェライトと層状パーライトの均一な組織が得られる。

・焼ならし

A_3 変態点または A_{cm} 変態点より高い温度で加熱保持してから空冷する操作である。熱間鍛造された鋼は結晶粒が粗大化して組織的にも不均一であるが、焼ならしによって結晶粒が微細化して均一組織になる。完全焼なましした機械構造用炭素鋼や機械構造用合金鋼は、軟らかすぎてむしろ切削加工が困難であるが、焼ならしによって若干硬化するため、被削性の改善を目的として施される例もある。また、焼ならしによって硬化と同時に強度も向上することから、焼入れの代替処理として利用されることもある。

2 解答

A	B	C D	E	F	G	H	I	J
⑧	①	⑥または⑩	⑫	④	⑪	⑬	⑭	②

解説

図 2 を参照のこと.

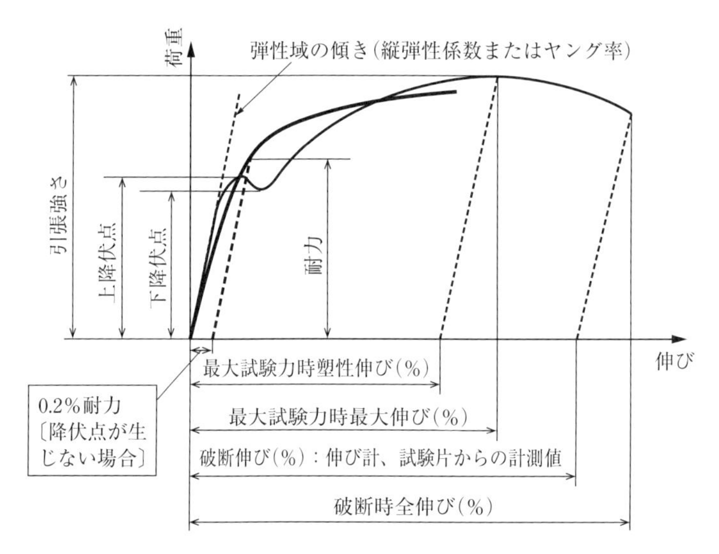

図 2 引張試験における荷重 − 伸び線図

令和３年度

機械設計技術者試験
２級　試験問題Ⅰ

第１時限（130分）

1. 機械設計分野
3. 熱･流体分野
5. メカトロニクス分野

令和３年11月21日　実施

〔1. 機械設計分野〕

1 次の文章は機械要素に関して述べたものである。正しい場合は①を、間違っている場合は②を解答用紙の解答欄【Ａ】～【Ｊ】にマークせよ。

【Ａ】圧縮力を受ける軸では、断面二次モーメントを大きく、軸の長さを長くすると、座屈に対して強くなる。

【Ｂ】金属や樹脂の軸をその外径よりも小さい内径の穴に加圧して押し込むことを圧入という。

【Ｃ】スプライン締結とキー締結では、キー締結の方が大きなトルクを伝達することができる。

【Ｄ】すべり軸受の種類はさまざまであるが、潤滑剤が不要なものもある。

【Ｅ】圧力配管用炭素鋼鋼管の肉厚は「スケジュール番号」によって決められており、番号が大きくなるほど，肉厚が厚くなり高圧に耐えられる。

【Ｆ】カムと従動節が接触する部分を接触子といい、最も摩擦が小さいものは、突端（ポイントフォロア）形である。

【Ｇ】主に流体を密封するためのＯリング（オーリング）のＧ規格は、JIS で円筒面固定用・平面固定用として規定されたＯリングサイズの規格であり、線径（太さ）は 3.1mm と 5.7mm の２種類がある。

【Ｈ】Ｖベルトは平ベルトより見かけの摩擦係数が大きくなるので、大きな動力を伝達することができる。

【Ｉ】平歯車のモジュールは、小さい方が歯元が厚くなって強くなる利点がある。

【Ｊ】細目ねじは、同じサイズの並目ねじと比べてピッチが細かく、谷が浅い分だけ断面積が大きくなるためせん断方向の外力にも強い。

2　圧力角20°の平歯車を用いて、図1に示すような3軸二段歯車減速装置を設計する。入力軸と出力軸を同一軸線上に配置し、入力軸と中間軸および中間軸と出力軸の中心距離（軸間距離）は、ともに a = 120mmとする。図の[1]、[2]、[3]、[4]は平歯車である。歯車対[1]、[2]のモジュール m_1 = 3mm、歯車対[3]、[4]のモジュール m_2 = 4mmとし、原則標準平歯車対とするが、理論的な限界歯数17よりも歯数が小さくなり切り下げが起こる場合は転位歯車対を用いることにする。

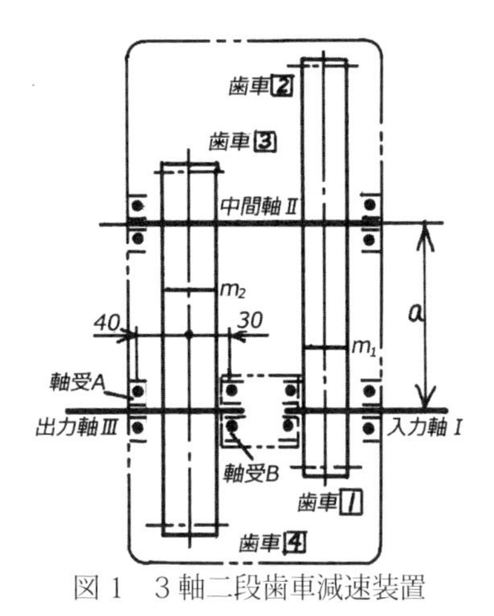

図1　3軸二段歯車減速装置

次の問題（1）～（8）に答えよ。

（1）歯車対[1]、[2]の速度比（速度伝達比）i_1 = 3，歯車対[3]、[4]の速度比（速度伝達比）i_2 = 3とする。

表1に示すように歯車[1]、[2]、[3]、[4]の歯数、転位係数、歯先円直径を計算により求める。

表1　歯車減速装置の歯数、転位係数、歯先円直径

平歯車[1]	歯数 z_1 =【A】	転位係数 x_1 =【E】	歯先円直径 d_{a1} =【I】
平歯車[2]	歯数 z_2 =【B】	転位係数 x_2 =【F】	歯先円直径 d_{a2} =【J】
平歯車[3]	歯数 z_3 =【C】	転位係数 x_3 =【G】	歯先円直径 d_{a3} =【K】
平歯車[4]	歯数 z_4 =【D】	転位係数 x_4 =【H】	歯先円直径 d_{a4} =【L】

i）平歯車[1]、[2]、[3]、[4]の歯数【A】～【D】にあてはまる数値を下の〔数値群〕から選び、その番号を解答用紙の解答欄【A】～【D】にマークせよ。重複使用は不可である。

〔数値群〕

①13　②15　③16　④17　⑤20　⑥21

⑦39　⑧45　⑨48　⑩51　⑪60　⑫63

ii）平歯車[1]、[2]、[3]、[4]の転位係数【E】～【H】に最も近い数値を下の〔数値群〕から選び、その番号を解答用紙の解答欄【E】～【H】にマークせよ。重複使用は可である。

〔数値群〕

①-0.24　②-0.18　③-0.12　④-0.06　⑤0

⑥0.06　⑦0.12　⑧0.18　⑨0.24

iii）平歯車①、②、③、④の歯先円直径【 I 】～【 L 】に最も近い数値を下の〔数値群〕から選び、その番号を解答用紙の解答欄【 I 】～【 L 】にマークせよ。重複使用は不可である。

〔数値群〕単位：mm

① 57.0　② 61.9　③ 65.4　④ 66.0　⑤ 69.0　⑥ 72.5

⑦ 159.0　⑧ 162.1　⑨ 186.0　⑩ 187.0　⑪ 195.0　⑫ 198.6

（2）定格出力 5.5kW、回転速度 1500min^{-1} の電動機を入力軸に取り付けたとき、出力軸の回転速度 n_3 を求め、最も近い数値を下の〔数値群 1〕より選び、その番号を解答用紙の解答欄【 M 】にマークせよ。また、最大出力軸トルク T_3 を求め、最も近い数値を下の〔数値群 2〕より選び、その番号を解答用紙の解答欄【 N 】にマークせよ。
ただし、$\pi = 3.14$ とし、また、歯車装置や軸継手などの諸損失は無視できるものとする。

〔数値群 1〕単位：min^{-1}

① 150　② 166.7　③ 200　④ 333.3　⑤ 500

〔数値群 2〕単位：N･m

① 105.1　② 157.7　③ 262.7　④ 315.2　⑤ 350.3

（3）出力軸の材質S43C、軸の許容ねじり応力τ_aは25MPaとして出力軸の直径d_3を計算し、その結果から表2より適切な軸径を選択し、その軸径の番号を解答用紙の解答欄【O】にマークせよ。ただし、出力軸にはねじりだけが作用するものとする。

表2　回転軸の軸径（JIS B 0901-1977より作成）

単位（mm）

番号	軸径			番号	軸径			番号	軸径			番号	軸径		
①	20	☆	○	⑥	30	☆	○	⑪	42	☆		⑯	56	☆	
②	22	☆	○	⑦	32	☆	○	⑫	45	☆	○	⑰	60	☆	○
③	24	☆		⑧	35	☆	○	⑬	48	☆		⑱	63	☆	
④	25	☆	○	⑨	38	☆		⑭	50	☆	○	⑲	65	☆	○
⑤	28	☆	○	⑩	40	☆	○	⑮	55	☆	○	⑳	70	☆	○

☆ JIS B 0903（円筒軸端）の軸端の直径による

○ JIS B 1512（転がり軸受の主要寸法）の軸受内径による

（4）出力軸を支持する軸受A、Bに単列深溝玉軸受を使用する。表3より呼び番号を選択し、その番号を解答用紙の解答欄【P】にマークせよ。

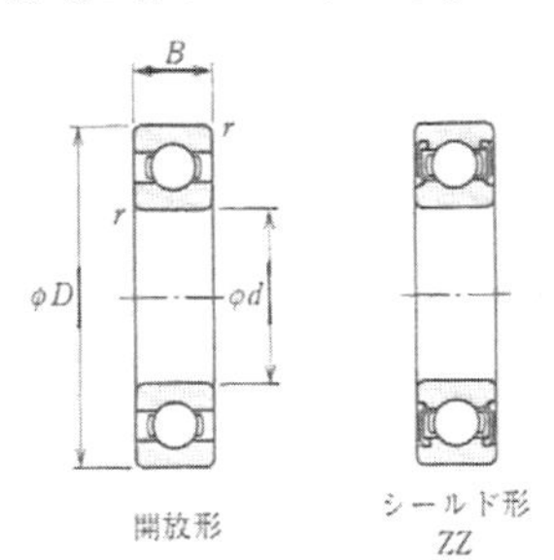

表3　単列深溝玉軸受の主要寸法と各種定格荷重

（メーカーのカタログによる）

番号	呼び番号	主要寸法（mm）				基本動定格荷重	基本静定格荷重	質量
		d	D	B	r	C(N)	C_0(N)	(kg)
①	6200	10	30	9	0.6	5100	2390	0.032
②	6201	12	32	10	0.6	6800	3050	0.037
③	6202	15	35	11	0.6	7650	3750	0.045
④	6203	17	40	12	0.6	9550	4800	0.067
⑤	6204	20	47	14	1	12800	6600	0.107
⑥	6205	25	52	15	1	14000	7850	0.129
⑦	6206	30	62	16	1	19500	11300	0.199
⑧	6207	35	72	17	1.1	25700	15300	0.284
⑨	6208	40	80	18	1.1	29100	17900	0.366
⑩	6209	45	85	19	1.1	31500	20400	0.42
⑪	6210	50	90	20	1.1	35000	23200	0.459
⑫	6211	55	100	21	1.5	43500	29300	0.619
⑬	6212	60	110	22	1.5	52500	36000	0.783
⑭	6213	65	120	23	1.5	57500	40000	1
⑮	6214	70	125	24	1.5	62000	44000	1.09

（5）平歯車④の基準円直径における接線方向荷重 F_{t4}（図２の F）を計算し、最も近い値を下記の〔数値群〕より選び、その番号を解答用紙の解答欄【 Q 】にマークせよ。（図２参照）

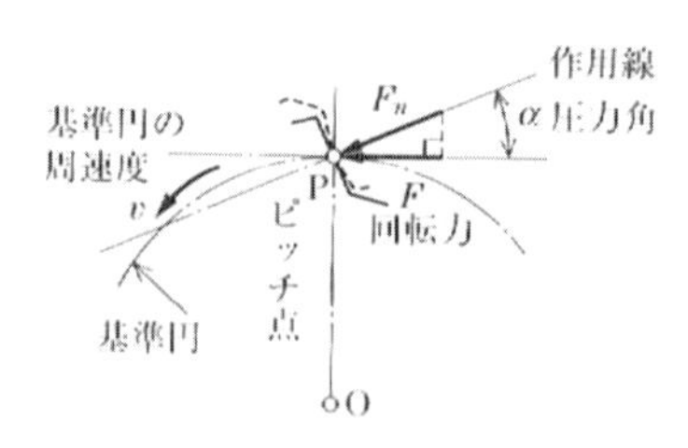

図２　歯面に働く力

〔数値群〕単位：kN

① 2　② 2.5　③ 3　④ 3.5　⑤ 4　⑥ 4.5

（6）図２より、歯面に作用する荷重 F_n は、歯面に垂直で作用線上にある。平歯車④の場合、歯面に作用する荷重 F_{n4} を（5）の結果を利用して計算し，最も近い数値を下記の〔数値群〕より選び、その番号を解答用紙の解答欄【 R 】にマークせよ。

〔数値群〕単位：kN

① 2.13　② 2.66　③ 3.19　④ 3.72　⑤ 4.26　⑥ 4.79

（7）(6) の結果を利用して軸受 A に作用するラジアル荷重 F_A を計算し，最も近い数値を下記の〔数値群〕より選び、その番号を解答用紙の解答欄【 S 】にマークせよ。ただし、平歯車④と軸受 A および軸受 B の位置寸法は図１の通りである。

〔数値群〕単位：kN

① 1.14　② 1.37　③ 1.59　④ 1.83　⑤ 2.05　⑥ 2.33

（8）軸受 A の寿命時間を計算し、最も近い数値を下記の〔数値群〕より選び、その番号を解答用紙の解答欄【 T 】にマークせよ。（7）で求めたラジアル荷重を動等価荷重とする。

【 参考 】寿命計算式

$$L_h = \frac{10^6}{60 \times n}\left(\frac{C}{W}\right)^m$$

ただし、n：回転速度［min^{-1}］、C: 基本動定格荷重［N］、W: 動等価荷重［N］

m：玉軸受は３

〔数値群〕単位：$\times 10^4$ 時間

① 23.62　② 25.5　③ 43.21　④ 64.8　⑤ 77.7　⑥ 106

〔3. 熱・流体分野〕

1 次の文章は、極低温の液体を貯蔵し運搬するタンクの熱設計に関して記述したものである。空欄【A】～【F】にあてはまる式または語句をそれぞれの〔解答群〕より一つ選び、その番号を解答用紙の該当する解答欄【A】～【F】にマークせよ。

液化天然ガスのような -200℃に近い極低温の液体を貯蔵し運搬するタンクの構造は、二重構造であり、真空層を保持する外槽、液化ガスを貯蔵する内槽および内外槽の間となる真空層により構成される。いわゆる魔法瓶のような構造にすることで外部からの熱侵入を防止している。このようなタンクを設計する場合、希薄気体層（ふく射エネルギーを吸収しない）を通る熱伝導とふく射エネルギーによる断熱材の伝熱を考慮して設計しなければならない。

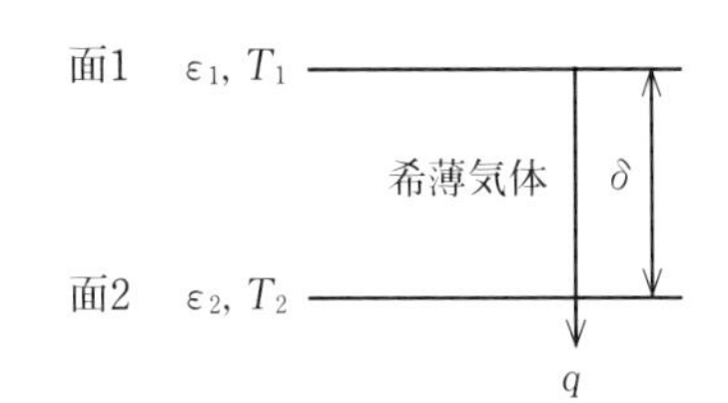

そこで、今回の設計では、右図のような平行な2面間（無限平行面とする）のモデルで検討する。ここで、面1の温度を T_1[K]、面2の温度を T_2[K]（$T_1 > T_2$）とし、二つの面を黒体とする。そのとき、面1の単位面積[m^2]から面2の単位面積に伝わる単位時間[s]当たりのふく射エネルギーによる熱流束を q_b[W/m^2]とすると、【A】の法則により次式で与えられる。

$$q_b = 5.67\left[\left(\frac{T_1}{100}\right)^4 - \left(\frac{T_2}{100}\right)^4\right] \qquad (1)$$

しかし、一般には黒体ではなく灰色体であり、上図のように面1の放射率を ε_1、面2の放射率を ε_2 とすると、面1からふく射された単位時間、単位面積当たりのふく射エネルギー E_1 は、E_1 =【B】× 5.67 ×（T_1/100）^{4} である。このふく射エネルギーは、面2に達するとキルヒホッフの法則により放射率と吸収率は等しいので、放射率 ε_2 により【C】× E_1 だけ吸収され、残り【D】× E_1 が反射される。

さらに反射されたふく射エネルギーは面1で吸収および反射され、それが無限にくり返されることになる。その結果、面1から面2に伝わるふく射エネルギーによる熱流束を q_g[W/m^2]とすると、次式で与えられる。

$$q_g = 5.67 f_e \left[\left(\frac{T_1}{100}\right)^4 - \left(\frac{T_2}{100}\right)^4\right] \qquad (2)$$

ここで、f_e は物体系の間のふく射伝熱の放射係数と呼ばれ、

$$f_e = \frac{1}{\dfrac{1}{\varepsilon_1} + \dfrac{1}{\varepsilon_2} - 1} \qquad (3)$$

で与えられる。したがって、

$$q_g = f_e q_b \qquad (4)$$

となることがわかる。

次に、面1から面2の間の希薄気体層で対流熱伝達はなく、熱伝導だけを考慮すると、熱伝導による熱流束 q_c[W/m^2]を求めるにはフーリエの法則により、2面間の距離を δ [m]として次式で与えられる。

$$q_c = 【E】 \times (T_1 - T_2) \quad (5)$$

ここで、(5)式の【E】には λ が使われている。この λ を【F】と呼び、これは温度等に依存する物質固有の物性値である。
したがって、熱伝導とふく射エネルギーによるトータル熱流束 q[W/m^2]は

$$q = q_g + q_c$$

が得られる。

〔解答群〕

① プランク　② ステファン・ボルツマン　③ ε_1

④ ε_2　⑤ $\varepsilon_2 - 1$　⑥ $1 - \varepsilon_2$

⑦ δ / λ　⑧ λ / δ　⑨ 熱伝達率

⑩ 熱伝導率

2

1基あたりの出力が600MWである火力発電所がある。この電力を、落差400mの揚水発電所で揚水して蓄えたい。揚水発電ではポンプ水車を用いて、電力をあまり使用しない夜間などにポンプとして運転し、水を低いところから高いところに汲みあげておき、昼間の電力がより必要となるときには水車として発電する。
このポンプ水車1台あたりの流量を40m^3/sとし、全体の効率を80%として計画を立てたとき、以下の問いに答えよ。必要に応じて下記の式を参考にせよ。

$\eta = \frac{P}{P_0}$， $P = \rho g Q H$

ここで、
η：効率、P：水動力、P_0：軸動力、ρ：水の密度[1000kg/m^3]、g：重力加速度[9.8m/s^2]
H：揚程

（1）ポンプ水車を何台運転しなければならないか。最も近い値を下記の〔数値群〕の中から選び、その番号を解答用紙の解答欄【A】にマークせよ。

〔数値群〕単位：台

①1　②3　③5　④7　⑤9

（2）これらのポンプ水車を8時間運転するとして、揚水される水量はいくらか。最も近い値を下記の〔数値群〕の中から選び、その番号を解答用紙の解答欄【B】にマークせよ。

〔数値群〕単位：× 10^{6}m^3

①0.46　②1.46　③2.46　④3.46　⑤5.46

3 直径 100mm の鋳鉄管が、水を流量 0.024m^3/s で輸送している。55m の長さを輸送するのに必要な動力が 2.0 kW であった。このとき以下の問いに答えよ。必要に応じて下記の式と図を参考にせよ。

$$P = \Delta p \cdot Q \qquad \Delta p = \lambda \frac{L}{d} \cdot \frac{\rho v^2}{2} \qquad Re = \frac{\rho v d}{\mu}$$

P：水動力、Δp：圧力損失、ρ：水の密度[1000kg/m^3]、μ：粘度[1.009×10^{-3} Pa･s]

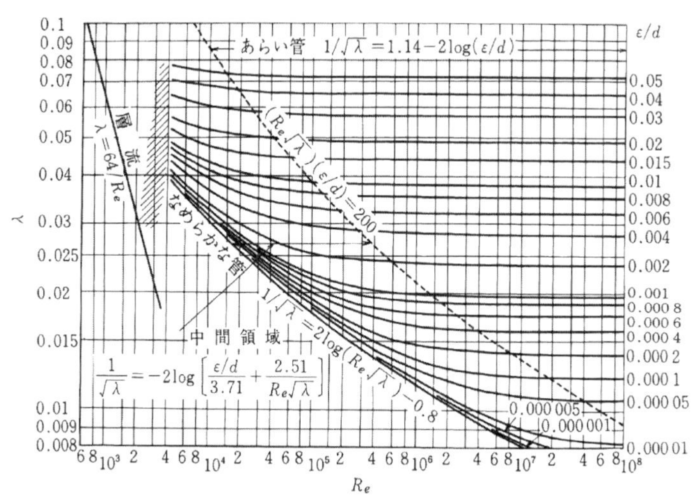

図　ムーディー線図（出典：機械工学便覧）

（1）摩擦係数 λ を計算し、最も近い値を下記の〔数値群〕の中から選び、その番号を解答用紙の解答欄【 A 】にマークせよ。

〔数値群〕

① 0.0125　② 0.0225　③ 0.0325　④ 0.0425　⑤ 0.0525

（2）表面粗さ ε を計算し、最も近い値を下記の〔数値群〕の中から選び、その番号を解答用紙の解答欄【 B 】にマークせよ。

〔数値群〕単位：mm

① 0.2　② 0.4　③ 0.6　④ 0.8　⑤ 1.0

（3）配管が古くなり、表面粗さが 2.0mm になった。このとき、水を輸送するのに必要な動力はいくらか。最も近い値を下記の〔数値群〕の中から選び、その番号を解答用紙の解答欄【 C 】にマークせよ。

〔数値群〕単位：kW

① 2.1　② 3.1　③ 4.1　④ 5.1　⑤ 6.1

〔5. メカトロニクス分野〕

1 機械の制御には位置を検出したり計測したりするセンサが不可欠である。以下の【 A 】〜【 J 】に示すセンサについて、主に位置検出に用いられるものには①を、主に直線変位を計測するものには②を、主に角度変位を計測するものには③を、さらに主に幾何学的形状を計測するものには④を解答用紙の解答欄【 A 】〜【 J 】にマークせよ。

【 A 】インダクトシン　【 B 】光電スイッチ　【 C 】ロータリーエンコーダ

【 D 】スキャナ　【 E 】電気マイクロメータ　【 F 】タッチセンサ

【 G 】イメージセンサ　【 H 】リミットスイッチ　【 I 】レーザ測長機

【 J 】レゾルバ

2級 問題I

2

ピックアンドプレースを目的とした低価格ロボットのアクチュエータとして空気圧シリンダが多用されている。下図（a）はその駆動回路の一例である。これに関する以下の文章中の空欄【 A 】～【 J 】に最適と思われる語句を下記の〔語句群〕から選び、その番号を解答用紙の解答欄【 A 】～【 J 】にマークせよ。ただし語句の重複使用は不可である。

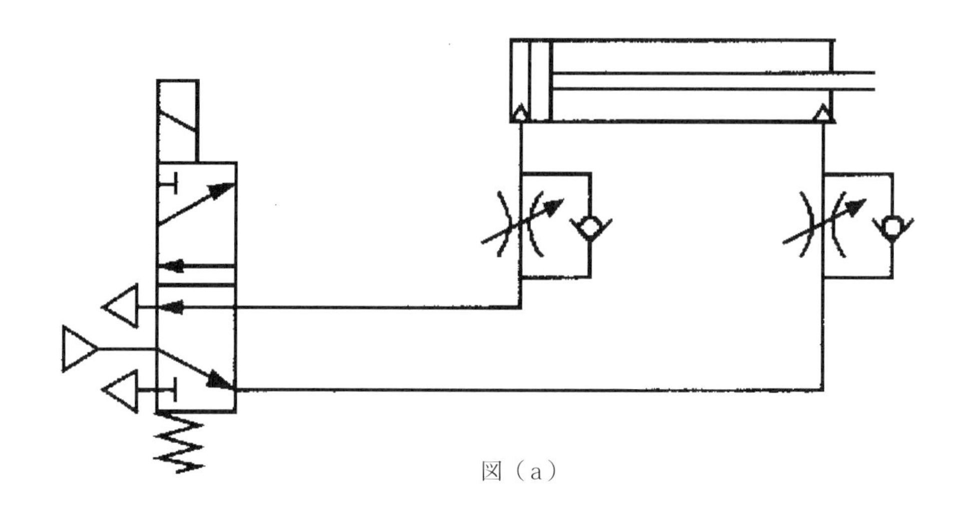

図（a）

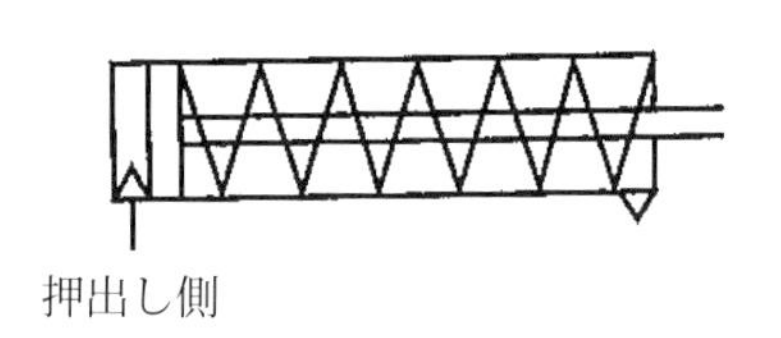

図（b）

本回路は【 A 】を駆動する基本的な回路であり、方向切替弁には【 B 】ポートのシングルソレノイドの【 C 】が使用されている。シリンダの動作速度を制御するために【 D 】を配管ポートに直接設置している。シリンダに給気すると、【 E 】側に多量の空気が流れる。これが【 F 】であり、シリンダから空気が流出するときには絞り弁側を流れる流量が制御される。これが【 G 】である。このような排気絞りによる速度調節を【 H 】制御と呼ぶ。
図（b）に示す押出し【 I 】に関して、押し側の速度制御するときには給気側に【 D 】を接続して給気を絞ればよい。給気絞りによる速度制御を【 J 】制御と呼ぶ。この時にはシリンダが戻るときにはばねの力で戻るために速度調整はできない。そこで、もう一つ直列に追加接続することで、押し・引き両工程で速度調整が可能となる。

〔語句群〕

① 単動形シリンダ	② 複動形シリンダ	③ メータイン	④ メータアウト
⑤ 4	⑥ 5	⑦ 6	⑧ 自由流
⑨ 制御流	⑩ 電磁弁	⑪ チェック弁	⑫ スピードコントローラ

3 制御や機器に関する次の設問（1）～（3）に答えよ。

（1）シーケンス制御について述べた次の文章のうち、間違っているものを1つ選び、その番号を解答用紙の解答欄【A】にマークせよ。

① 制御コントローラとしては、一般的にリレーやPLCを使う。

② 4種類の基本的な制御方式「順序」「条件」「時間」「計数」の組み合わせで目的の動作を実現する。

③ システムは大別すると「制御対象」「命令部」「操作部」「検出部」の4つで構成される。

④ 検出器やセンサからの信号を読み取り、目標値と比較しながら、それらを一致させるように訂正動作を行う制御である。

⑤ 制御を実現するために必要な機器や機械の状態変化の時間的経過を示したタイムチャートをもとに制御の内容や動作を理解することができる。

（2）PLC（Programmable Logic Controller）について述べた次の文章のうち、間違っているものを1つ選び、その番号を解答用紙の解答欄【B】にマークせよ。

① 工場の中の自動化装置の順序制御をするための制御装置によく使われる。

② 日本産業規格（JIS）において、ラダー図はPLCのプログラム言語と規定されている。

③ コントローラは「比例」「微分」「積分」の3要素を組み合わせて制御する。

④ ラダープログラムと呼ばれるリレー制御回路を表わすプログラムを書き込んで制御する。

⑤ リレー回路の代替装置として開発された制御装置であり、スイッチやセンサなどの入力機器の信号により、あらかじめ決められた条件に従って出力回路をコントロールするものである。

（3）センサについて述べた次の文章のうち、正しいものを1つ選び、その番号を解答用紙の解答欄【C】にマークせよ。

① リミットスイッチは、磁石を接近させることでON/OFFするスイッチのことで、磁性体の接点片が外気に触れないよう不活性ガスとともにガラス管内部に封入されている。物体の位置や有無を検知するためのセンサである。

② リードスイッチは、接触を検知するセンサであり、スナップアクションにより、接点の開閉を行い、位置や変位などを検出する。

③ エンコーダは、運動する物体の回転角や直線変位を検出するセンサのことであり、相対変位を検出するインクリメンタル方式と絶対変位を検出するアブソリュート方式がある。

④ 光電センサは、光を出す投光器と光を受ける受光器から構成され、物体が光路を通過するときの受光器への光量の変化で検知するセンサであり、検出距離を長くするため光透過式の構造のみである。

⑤ センサの素子によって検出された信号は、個々のセンサの特徴や原理を考慮しているので、そのままで計測や制御に利用できる。

4

ステッピングモータは、パルス信号で速度を制御でき、高精度な位置決め運転をオープンループの制御方式で実現できる。代表的な用途として、右図に示した「ベルト・プーリ機構」が挙げられる。

次の設問（1）～（3）に答えよ。

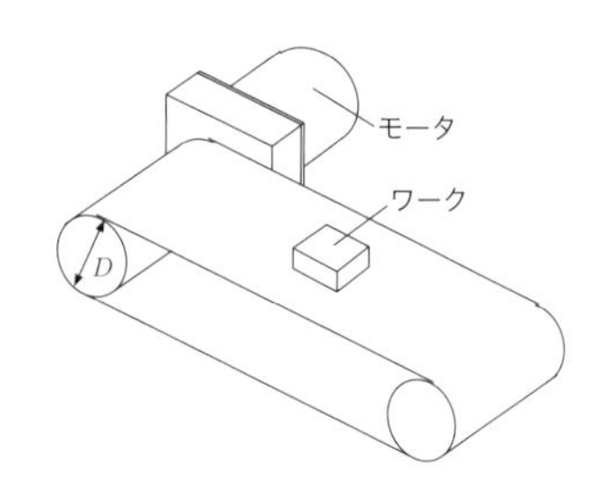

［仕様］

ベルトとワークの質量 $m = 2.5$kg、

摺動面の摩擦係数 $\mu = 0.2$、プーリの質量 $m_p = 0.7$kg、

プーリの直径 $D = 65$mm、モータのステップ角 $\theta_s = 0.36°$、

送り量 $\ell = 400$mm、移動（位置決め）時間 $t_0 = 0.5$s、

加速(減速)時間 $t_1 = 0.1$s、起動パルス速度 $f_1 = 0$Hz

（1）モータの回転速度 N[min^{-1}] を計算し、最も近い値を下記の〔数値群〕の中から選び、その番号を解答用紙の解答欄【 A 】にマークせよ。

〔数値群〕単位：min^{-1}

① 294　② 378　③ 467　④ 545　⑤ 621

（2）プーリの負荷トルク T_L[N·m] を計算し、最も近い値を下記の〔数値群〕の中から選び、その番号を解答用紙の解答欄【 B 】にマークせよ。

〔数値群〕単位：× 10^{-1} N·m

① 1.02　② 1.59　③ 2.22　④ 2.87　⑤ 3.41

（3）全負荷慣性モーメント J_L[kg·m^2] を計算し、最も近い値を下記の〔数値群〕の中から選び、その番号を解答用紙の解答欄【 C 】にマークせよ。

〔数値群〕単位：× 10^{-3} kg·m^2

① 1.93　② 2.39　③ 2.71　④ 3.38　⑤ 3.82

令和３年度

機械設計技術者試験
２級　試験問題Ⅱ

第２時限（120分）

2.　力学分野

4.　材料・加工分野

6.　環境・安全分野

令和３年11月21日　実施

〔2. 力学分野〕

1 図に示すように、モータによって回転する直径$D = 800$ mm のロータに巻かれたバンドの一端が、ばねばかりを介して固定してある。バンドの左端には質量mのおもりをつり下げてある。以下の設問（1）～（3）に答えよ。ただし、重力加速度gは、9.8 m/sec^2 として計算せよ。

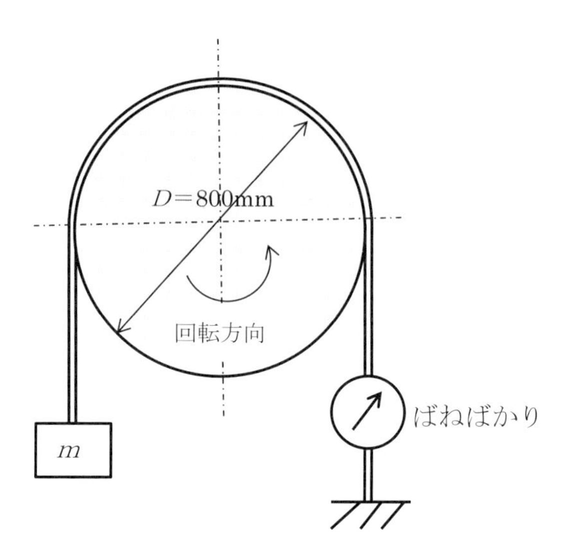

（1）質量$m = 20$ kg のおもりをつり下げた時、ばねばかりの読みが 400 N になった。この時、ロータの回転速度$n = 360$ min^{-1} であった。ロータの外周速度v〔m/sec〕を、下記の〔数値群〕から最も近い値を一つ選び、その番号を解答用紙の解答欄【 A 】にマークせよ。

〔数値群〕単位：m/sec

① 10　② 15　③ 24　④ 35　⑤ 42

（2）この時のモータの回転動力L〔kW〕を、下記の〔数値群〕から最も近い値を一つ選び、その番号を解答用紙の解答欄【 B 】にマークせよ。

〔数値群〕単位：kW

① 1　② 3　③ 5　④ 6　⑤ 8

（3）ロータを回転させるために、新たに動力が 2 kW のモータに取りかえた。この時のロータの回転速度は、前問同様に$n = 360$ min^{-1} になった。ばねばかりの読みが 400 N になるためには、どの程度の質量mのおもりをつり下げる必要があるか、下記の〔数値群〕から最も近い値を一つ選び、その番号を解答用紙の解答欄【 C 】にマークせよ。

〔数値群〕単位：kg

① 16　② 27　③ 35　④ 42　⑤ 58

2

図1は、L型の丸棒ＡＢＣの先端Ｃに、差動滑車（定滑車）Ｅと動滑車Ｇを介して荷重W［Ｎ］のおもりが取り付けられている。差動滑車Ｅは、チェーンブロックにより力F［Ｎ］で巻き上げられている。
Ｌ型の丸棒ＡＢＣを上面から見た図が、図２である。
以下の設問（1）～（4）に答えよ。ただし、差動滑車Ｅ、動滑車Ｇ、ロープそしてチェーンブロックの重量は無視する。したがって、Ｃ点には荷重Wのみが負荷されているとする。

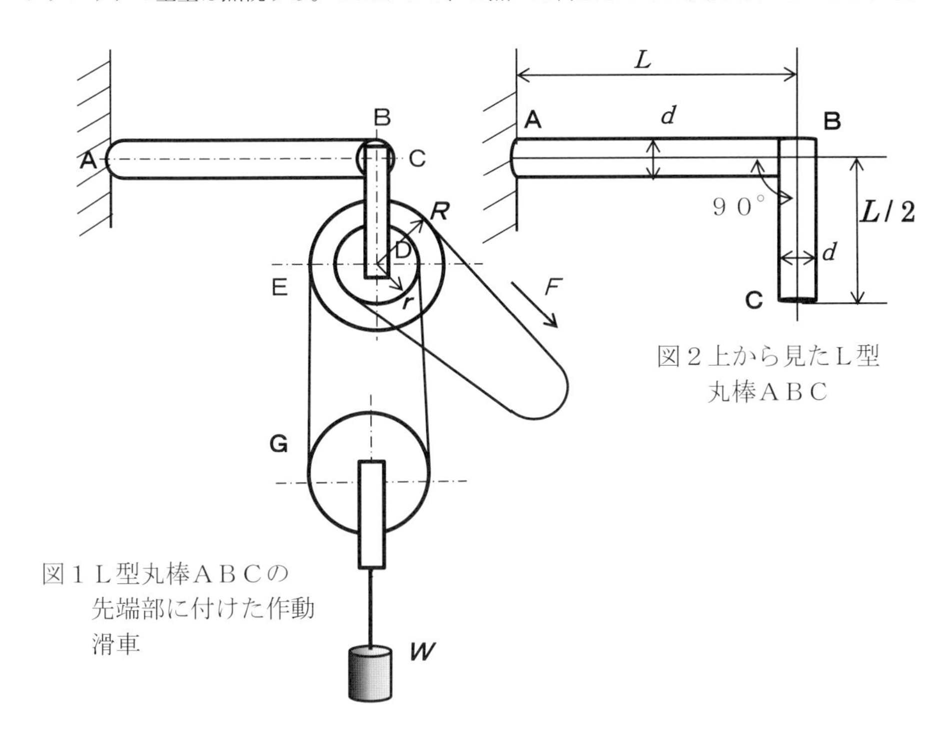

図１ Ｌ型丸棒ＡＢＣの先端部に付けた作動滑車

図２上から見たＬ型丸棒ＡＢＣ

（1）差動滑車Ｅに取り付けられているチェーンブロックで引張る力Fについて、荷重Wとの関係式を下記の〔数式群〕から一つ選び、その番号を解答用紙の解答欄【 Ａ 】にマークせよ。

〔数式群〕

① $F=\dfrac{(R-r)}{2WR}$　② $F=\dfrac{R(R-r)}{2W}$　③ $F=\dfrac{2R}{W(R-r)}$

④ $F=\dfrac{W(R-r)}{2R}$　⑤ $F=\dfrac{WR}{2(R-r)}$

（2）L型の丸棒ＡＢＣの固定点Ａに生ずる最大曲げ応力σ_bを、下記の〔数式群〕から一つ選び、その番号を解答用紙の解答欄【 Ｂ 】にマークせよ。

〔数式群〕

① $\sigma_b = \dfrac{64WL}{\pi d^3}$　② $\sigma_b = \dfrac{\pi d^3}{32WL}$　③ $\sigma_b = \dfrac{16WL}{\pi d^3}$

④ $\sigma_b = \dfrac{16\pi d^3}{WL}$　⑤ $\sigma_b = \dfrac{32WL}{\pi d^3}$

（3）L型の丸棒ＡＢＣの固定点Ａに生ずる最大ねじり応力τ_pを、下記の〔数式群〕から一つ選び、その番号を解答用紙の解答欄【 Ｃ 】にマークせよ。

〔数式群〕

① $\tau_p = \dfrac{8WL}{\pi d^3}$　② $\tau_p = \dfrac{16WL}{\pi d^3}$　③ $\tau_p = \dfrac{\pi d^3}{8WL}$

④ $\tau_p = \dfrac{\pi d^3}{16WL}$　⑤ $\tau_p = \dfrac{64WL}{\pi d^3}$

（4）丸棒ＡＢには曲げモーメントMと、ねじりモーメントTが同時に作用している。次式の相当曲げモーメントM_eを採用した時、丸棒ＡＢに生ずる最大主応力σ_1を、下記の〔数式群〕から一つ選び、その番号を解答用紙の解答欄【 Ｄ 】にマークせよ。

$$M_e = \frac{M + \sqrt{M^2 + T^2}}{2}$$

〔数式群〕

① $\sigma_1 = \dfrac{\pi d^3}{8(2+\sqrt{5})WL}$　② $\sigma_1 = \dfrac{8(2+\sqrt{5})WL}{\pi d^3}$　③ $\sigma_1 = \dfrac{(2+\sqrt{5})WL}{16\pi d^3}$

④ $\sigma_1 = \dfrac{WL}{8(2+\sqrt{5})\pi d^3}$　⑤ $\sigma_1 = \dfrac{WL}{16(2+\sqrt{5})\pi d^3}$

3 図1に示すような、水平面とθの角度をなす平行な二つの斜面がある。上の斜面からは、長さ $\ell = 1.3\mathrm{m}$ の片持ちはり AB が突き出している。はりの断面形状は、図2に示すような一辺の長さ $b = 30\mathrm{mm}$ の正方形とし材質は炭素鋼製とする。質量 M の物体が、摩擦係数 $\mu = 0$ の滑らかな斜面を距離 a 滑り落ちて、はりの先端 A に衝突して停止する。

斜面の角度 $\theta = 30°$ とし、はりの先端のたわみを δ とするとき、下記の設問（1）～（4）に答えよ。

参考：荷重 P が作用する長さ ℓ の片持ちはりのたわみ δ は次式で表される。

$$\delta = \frac{P\ell^3}{3EI}$$

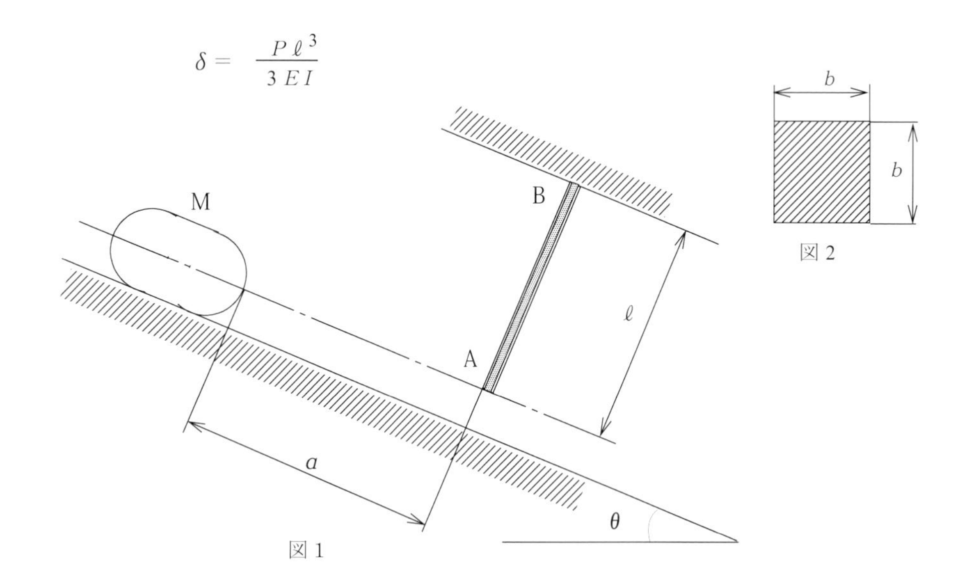

図 1

図 2

（1）質量 M の物体が斜面を距離 a だけ滑り落ちて、はりの先端が δ たわんだとき、物体の消費した位置エネルギーの大きさを求める式で正しいものを下記の〔数式群〕から選び、その番号を解答用紙の解答欄【 A 】にマークせよ。

〔数式群〕

① $Mg(a+\delta)$　② $\dfrac{Mg(a+\delta)}{\sqrt{2}}$　③ $\dfrac{Mg(a+\delta)}{\sqrt{3}}$

④ $\dfrac{Mg(a+\delta)}{2}$　⑤ $\dfrac{Mg(a+\delta)}{2\sqrt{3}}$

（2）はりの先端が δ たわんだとき、はりに蓄えられるひずみエネルギーの大きさを求める式で正しいものを下記の〔数式群〕から選び、その番号を解答用紙の解答欄【B】にマークせよ。

〔数式群〕

① $\dfrac{EI\delta^2}{2\ell^3}$　② $\dfrac{3EI\delta^2}{4\ell^3}$　③ $\dfrac{3EI\delta^2}{2\ell^3}$　④ $\dfrac{EI\delta^2}{\ell^3}$　⑤ $\dfrac{3EI\delta^3}{4\ell^3}$

（3）質量 $M = 2.5\mathrm{kg}$ の物体が斜面を距離 $a = 1.5\mathrm{m}$ 滑り落ちて、はりの先端Aが δ たわんだとき、物体の消費した位置エネルギーが全て片持はりのひずみエネルギーに変換されるものとする。たわみ δ の値として最も近いものを下記の〔数値群〕から選び、その番号を解答用紙の解答欄【 C 】にマークせよ。重力加速度は $g = 9.8\mathrm{m/sec^2}$ とする。

〔数値群〕単位：mm

① 25　② 30　③ 45　④ 50　⑤ 55

（4）はりの先端Aが δ たわんだとき、はりに生ずる最大曲げ応力 σ_{max} の値として最も近いものを下記の〔数値群〕から選び、その番号を解答用紙の解答欄【 D 】にマークせよ。

〔数値群〕単位：MPa

① 200　② 212　③ 220　④ 245　⑤ 255

4

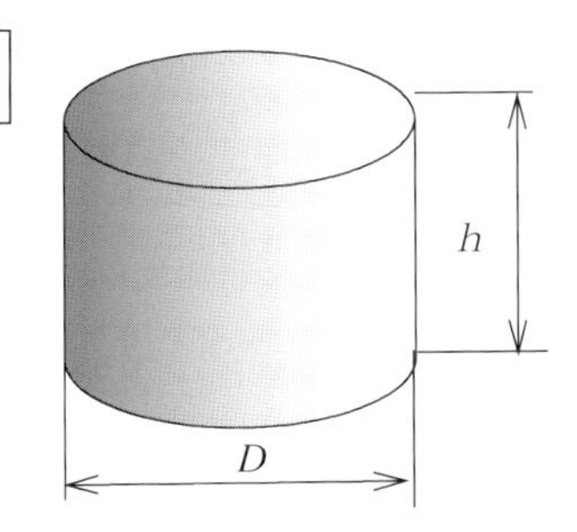

内圧 p ＝９００kPa のガスを蓄える直径 D = 10m の円筒形状の鋼製タンクを製作する場合を考える。
ただし、タンクは直径に対して板厚 t が十分薄い薄肉円筒と考え、タンクの高さ h は十分高いものとする。
下記の設問（1）～（4）に答えよ。

（1）円周方向応力 σ_t を求める式で正しいものを下記の〔数式群〕から選び、その番号を解答用紙の解答欄【 A 】にマークせよ。

〔数式群〕

① $\dfrac{2pD}{t}$　② $\dfrac{pD}{t}$　③ $\dfrac{pD}{2t}$　④ $\dfrac{pD}{4t}$　⑤ $\dfrac{pD}{6t}$

（2）軸方向応力 σ_z を求める式で正しいものを下記の〔数式群〕から選び、その番号を解答用紙の解答欄【 B 】にマークせよ。

〔数式群〕

① $\dfrac{2pD}{t}$　② $\dfrac{pD}{t}$　③ $\dfrac{pD}{2t}$　④ $\dfrac{pD}{4t}$　⑤ $\dfrac{pD}{6t}$

（3）使用する鋼材の許容応力 σ_{al} = 125MPa として、タンクの板厚 t として計算上最も適当な値を下記の〔数値群〕から選び、その番号を解答用紙の解答欄【 C 】にマークせよ。

〔数値群〕単位：mm

① 30　② 40　③ 45　④ 50　⑤ 55

（4）使用する鋼材の縦弾性係数 E = 206GPa およびポアソン比 ν = 0.3 として、内圧を受けるタンクの半径方向変位 u を計算し、最も近い値を下記の〔数値群〕から選び、その番号を解答用紙の解答欄【 D 】にマークせよ。

〔数値群〕単位：mm

① 2.5　② 3.7　③ 4.5　④ 5.5　⑤ 7.7

〔4. 材料・加工分野〕

1 次の文章（1）～（10）は種々の鉄鋼材料について記述したものである。空欄【A】～【J】に最適と思われるものを下記の〔語句群〕から選び、その番号を解答用紙の解答欄【A】～【J】にマークせよ。ただし、重複使用は不可である。

(1)【A】は、クロム（Cr）を11%以上含有する鋼で、金属組織の違いによって、オーステナイト系、マルテンサイト系、フェライト系などに分類される。

(2)【B】は、転がり軸受に使用されるもので、通称ベアリング鋼ともよばれている。

(3)【C】は、加工精度を重視する場合によく使用されるもので、合金元素としてイオウ（S）が添加されている。

(4)【D】は、絞り加工など塑性加工用のもので、JISではSPCC（一般用）、SPCD（絞り用）、SPCE（深絞り用）の3種類がある。

(5)【E】は、通常SS材とよばれているもので、JISでは引張強さによって分類されており、最も一般的なものはSS400である。

(6)【F】は、0.12～0.50%の炭素の他に、クロム（Cr）など種々の合金元素を適量添加したもので、高張力ボルトなどに使用されている。

(7)【G】は、ドリルやバイトなど切削工具によく使用されているもので、JISではSKHで表示されており、通称ハイスともよばれている。

(8)【H】は、化学成分だけでなく、焼入れした際の表面から内部への硬さ推移まで保証したものである。主な用途は肉厚の大型部品であり、通称H鋼ともよばれている。

(9)【I】は、各種工具類に使用されるもので、JISではSKで表示されて、その後に炭素量を示す数字が付記されている。例えば、SK85の炭素量は0.80～0.90%である。

(10)【J】は、0.10～0.60%の炭素を含有するもので、通称SC材とよばれており、SとCの間に二けたの数字が表示されている。なお、この数字は規定されている炭素量の中間値を示している。

〔語句群〕

① 一般構造用圧延鋼材	② 冷間圧延鋼板・鋼帯	③ 熱間圧延鋼板・鋼帯
④ 機械構造用炭素鋼鋼材	⑤ 機械構造用合金鋼鋼材	⑥ 冷間圧造用合金鋼鋼材
⑦ 快削鋼鋼材	⑧ 高炭素クロム軸受鋼鋼材	⑨ 炭素工具鋼鋼材
⑩ 合金工具鋼鋼材	⑪ 高速度工具鋼鋼材	⑫ ステンレス鋼棒
⑬ ばね鋼鋼材	⑭ 焼入性を保証した構造用鋼鋼材	

2 次の表は、各種硬さ試験法の測定原理とJISによる硬さの表示例を示したものである。個々の硬さ試験法について、測定原理の欄（【A】～【E】）については〔原理群〕の中から、JISによる硬さの表示例の欄（【F】～【J】）については〔表示群〕の中から、最も適切なものを一つずつ選び、その番号を解答用紙の解答欄にマークせよ。ただし、重複使用は不可である。

表　各種硬さ試験法の測定原理とJISによる硬さの表示例

硬さ試験法	測定原理	JISによる硬さ表示例
ブリネル硬さ試験	【A】	【F】
ビッカース硬さ試験	【B】	【G】
ロックウエル硬さ試験	【C】	【H】
ショア硬さ試験	【D】	【I】
ヌープ硬さ試験	【E】	【J】

〔原理群〕

① 円すい形ダイヤモンドまたは鋼球の圧子を表面に押し込み、永久くぼみ深さを測定する。

② 対りょう角が172.5°及び130°で底面がひし形のダイヤモンド圧子を表面に押し込み、その永久くぼみの長いほうの対角線長さを測定する。

③ 正四角すいのダイヤモンド圧子を表面に押し込み、その永久くぼみの対角線長さを測定する。

④ 三角すいのダイヤモンド圧子を表面に押し込み、その永久くぼみ深さを測定する。

⑤ 超硬合金球の圧子を表面に押し込み。その永久くぼみの直径を測定する。

⑥ 鋼球の圧子を表面に押し込み、永久くぼみの表面積を測定する。

⑦ ダイヤモンドハンマーを一定の高さから落下させ、その跳ね上がり高さを測定する。

〔表示群〕

① 30HS　② 600HV　③ 60HF　④ 300HBW

⑤ 600HK　⑥ 60HRC　⑦ 600HN

2級 問題Ⅱ

3 機械加工は除去機構の観点から強制（切込み）加工法と選択的圧力加工法に分類できる。前者は切込みを与えることで精度を得るものであり、後者は相対する面の圧力の高い部分を除去していくことで精度を確保する加工法である。以下の加工精度に関する説明文は主にどちらに属するものか、強制加工法に関する事項には①を、選択的圧力加工法に関するものは②を解答用紙の解答欄【 A 】～【 N 】にマークせよ。

【 A 】工作物に対して一定量の切込みを与えて削り取ることで寸法精度が決まる。

【 B 】工具または工作物に負荷を与えながら相対運動をさせることによって工作物を削り取るもので加工量（削り取り量）や加工精度は、加工距離や加工時間に依存する。

【 C 】角形砥石を工作物の円筒内面に押し付け、回転運動と往復運動を与えながら軸方向に移動させることで高精度な仕上げ面を得る加工法がホーニングである。

【 D 】加工精度に対してアッベの法則が成り立つ。

【 E 】定盤など高精度な平面を加工するためには３面すり合わせ法が用いられる。

【 F 】旋盤で高精度な円筒を加工するためには、高精度な回転精度の主軸と直線案内を有することが最低限必要となる。

【 G 】精密加工を目指すには、切削加工では鋭利な切れ刃を有する工具で切込み、送りを小さくして加工を行い、研削加工では砥粒の粒度を小さく、切込み深さを小さくして加工する。

【 H 】工具の形状精度や工具保持剛性が保持されていれば、加工精度の確保は比較的容易である。

【 I 】工具（ラップ）と工作物の間に微細な砥粒を入れ、工作物をラップに押し付けながら相対運動をさせることで精度の高い平滑な面を仕上げる加工法がラッピングである。

【 J 】工具摩耗が加工精度を確保するために重要な要因となる。

【 K 】工具と工作物の両者が摩耗することで、両者が同時に精度が向上していくため高精度な加工物が得られることが期待される。

【 L 】工作機械の精度が加工物に直接影響を与えるという母性原則が成立する。

【 M 】回転する円筒外周面に角形砥石を押し付けながら、振動を与えて仕上げる加工法が超仕上げである。

【 N 】加工機械のコストは比較的低く、その維持管理も容易である。

4 工作機械などの加工機械においては、軸受と軸や容器のふたの隙間から流体や気体が漏れることを防ぐためにシール（密封装置）が用いられている。以下の文章はシールについて述べたものである。文章中の空欄【 A 】〜【 J 】に最適と思われる語句を下記の〔語句群〕から選び、その番号を解答用紙の解答欄【 A 】〜【 J 】にマークせよ。ただし、語句の重複使用は不可である。

(1) シールの役割は、機械装置から【 A 】など流体の外部漏洩を防止するだけでなく、外部からの【 B 】や水分などが装置内に侵入することを防ぐことである。

(2) シールにおいて、一般的に回転や往復運動する場所に用いられるシールを【 C 】と呼び、静止部分に使われる固定されたシールを【 D 】と呼んでいる。

(3) 運動部に用いられるシールは運動面に接触する接触型シールとわずかな隙間を有する非接触型に分類できる。接触型は【 E 】は優れるが、動作時の摩擦やそれに伴う温度上昇が大きくなる。非接触型は摩擦の影響がほとんどないので、【 F 】の時などに有利である。

(4)【 G 】は機械部品の回転軸部分に使用する接触型のシールであり、合成ゴムや金属でできている。回転する軸などとは弾性体で接触することでオイルが漏れることを防いでいる。

(5)【 H 】も回転部に使用される接触型シールで、回転軸に固定された回転リングと固定部に取り付けられた固定リングの端面がコイルバネと流体圧で押し付けられ接触して封印する構造である。この面は封印した流体で潤滑されてスムーズに回転できる。構造が複雑であるが、両リングはコイルバネで一定の力で押し付けられているために、増し締めなどのメンテナンスが不要である。

(6) 運動部に用いられる非接触型シールに属する【 I 】は、回転軸と固定部の間に凹凸の隙間を何段も設けることで徐々に漏れる圧力を低下させる原理であるが、構造上漏れを完全に防ぐことはできない。

(7) 配管のフランジなどボルトで固定されている静止部分に使われるシールには、その材質によって様々なものがあるが、金属製のものと紙、ゴム、プラスチックなどで作られている非金属製のものに大別される。金属製は強度や【 J 】に優れているために過酷な環境下での使用に適している。

〔語句群〕

① パッキン	② ラビリンスシール	③ 粉塵	④ 耐熱性
⑤ オイルシール	⑥ 潤滑剤	⑦ 密封性	⑧ 高速回転
⑨ ガスケット	⑩ メカニカルシール		

〔6. 環境・安全分野〕

1 次の（1）～（5）の文章は、それぞれ環境関連のキーワードについて解説したものである。以下の設問の空欄【 A 】～【 J 】を埋めるのにもっとも適切な語句を下記の〔語句群〕より一つ選び、その番号を解答用紙の解答欄【 A 】～【 J 】にマークせよ。

（1）地球の気温上昇を抑えるため、温暖化ガスの排出量を実質ゼロにすることを【 A 】という。温暖化ガス削減目標では、世界の主要な国で2050年において【 A 】とする目標を定めている。日本でも最近同様の目標を定めたが、2030年には従来の目標である2013年度比26%を大幅に上回る46%削減を目標としている。このため、低炭素から脱炭素への動きが加速され、省エネの強化が求められるとともに、二酸化炭素排出に値段を付けて企業などに削減を促す【 B 】についても検討が始まった。

（2）陸から海に流出するマイクロプラスチックの量が世界中で増えており、2050年には海のプラスチックの重量は世界中の魚の重量と同じになると言われている。マイクロプラスチックの影響としては、生物が窒息したり栄養を取れなくなることによる物理的な影響と有害化学物質の吸着による化学的影響とが考えられる。プラスチックは海の中で波浪や【 C 】等の影響により細かくなり、マイクロプラスチックになってゆく。なお、マイクロプラスチックとは、大きさが【 D 】以下のものとされている。

（3）温暖化ガスの排出量を削減するには、石油や石炭等の化石燃料から再生可能エネルギーである太陽光発電や【 E 】、地熱発電等を増やしていく必要がある。最近は、石炭火力発電所で石炭の代わりに一部【 F 】を燃焼させて二酸化炭素を減少させることも検討されている。

（4）SDGsとは、【 G 】が定めた2015年から2030年にかけての持続可能な開発目標（Sustainable Development Goals）の略である。このアジェンダ（行動計画）は私たち人間と人間が暮らす母なる地球のための行動計画で、この中で出された具体的な目標がSDGsである。SDGsには環境、社会、経済に視点をおいた【 H 】のゴール（目標）とそれぞれの下に、より具体的な169のターゲット（達成基準）がある。

（5）石綿（アスベスト）は、自動車のブレーキパッドや【 I 】等に使用されていたが、昭和50年に原則禁止とされた。石綿の繊維は、肺線維症（じん肺）、悪性中皮腫の原因と言われ、【 J 】を起こす可能性があることが知られている。また、発症までの潜伏期間が長いという特徴がある。

〔語句群〕

① カーボンプライシング　②カーボンフットプリント　③カーボンニュートラル
④ 紫外線　⑤ 風雨　⑥ 0.5mm　⑦ 5mm　⑧ 原子力発電
⑨ 風力発電　⑩ アンモニア　⑪ 天然ガス　⑫ WHO　⑬ 国連
⑭ 8　⑮ 17　⑯ 断熱材　⑰ 緩衝材　⑱ 結核
⑲ 肺がん

2 「機械安全」に関する次の文章の空欄【Ａ】～【Ｊ】を埋めるのに最も適切な語句を、下記の〔語句群〕から選び、その番号を解答用紙の解答欄【Ａ】～【Ｊ】にマークせよ。ただし、重複使用は不可である。

機械の安全設計を進めるためには安全とリスクの意味をよく理解することが大切である。安全とは、リスクを【 Ａ 】なレベルまで低減することであり、リスクとは以下の式で表される。

リスク＝危害の発生確率×【 Ｂ 】

機械安全の国際規格 ISO 12100（JIS B 9700）は、設計者が安全な機械を設計するためには、機械安全の取り組みを、設計の初期段階から「安全のための技術原則」にのっとり実施することを規定している。すなわち、【 Ｃ 】の実施と、それに基づくリスク低減方策の実施である。

1. リスクアセスメントの実施

リスクアセスメントの実施手順は、まずリスク（【 Ｄ 】、有害性）の洗い出し、次にリスクの推定・評価、最後にリスク低減対策の優先度の決定となる。

2. リスク低減方策の実施

リスクアセスメントの結果、リスクが大きすぎて許容可能といえない場合には、リスク低減方策を実施しなければならない。現在の国際安全規格では、実施すべきリスク低減方策の順番をきめており、通常【 Ｅ 】と言われる。

一番最初にやるべきリスク低減方策は【 Ｆ 】と呼ばれる方策で、「設計によるリスク低減」策とも呼ばれる。これは、設計の段階で危険の度合いが小さくなるように初めから設計しなさいということである。

【 Ｆ 】の基本は、以下の３つに分類される。

- 【 Ｄ 】の除去
- 危害のひどさの低減
- 危害の【 Ｇ 】の低減

しかし、機械の機能上、【 Ｄ 】は残ってしまう。その場合には、２番目のステップとして安全保護方策を施す。具体的には、【 Ｈ 】や防護装置をつけることである。

安全保護策を施しても、まだ十分にリスクが下げられない場合がある。その場合には３番目のステップとして【 Ｉ 】によるリスクの低減になる。

リスクは、いくら下げても必ず【 Ｊ 】と呼ばれるリスクが残る。これについては、警告表示や取扱説明書への記載などで知らせることになる。

〔語句群〕

① 使用上の情報	② 残留リスク	③ 危害の程度	④ 発生確率
⑤ ３ステップメソッド	⑥ 危険源	⑦ 本質安全設計	⑧ 安全装置
⑨ 受忍可能	⑩ リスクアセスメント		

令和３年度

機械設計技術者試験
２級　試験問題Ⅲ

第３時限（90分）

７．応用・総合

令和３年11月21日　実施

〔7. 応用・総合〕

7-1 下記の図は 4 種類の形鋼製ブラケットである。

外力 P によって、ブラケット取付支持部に加わる反力の種類と方向を解答用紙の図に示し、その値を計算せよ。

なお、構成する部材の接合部はピン接点として計算せよ。

荷重 $P = 2.5\text{kN}$ とする。

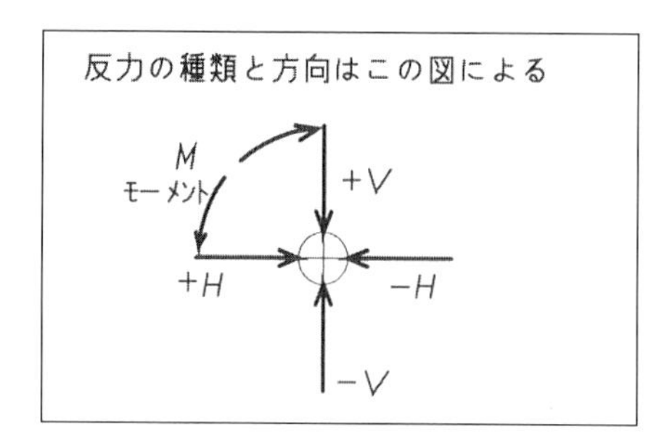

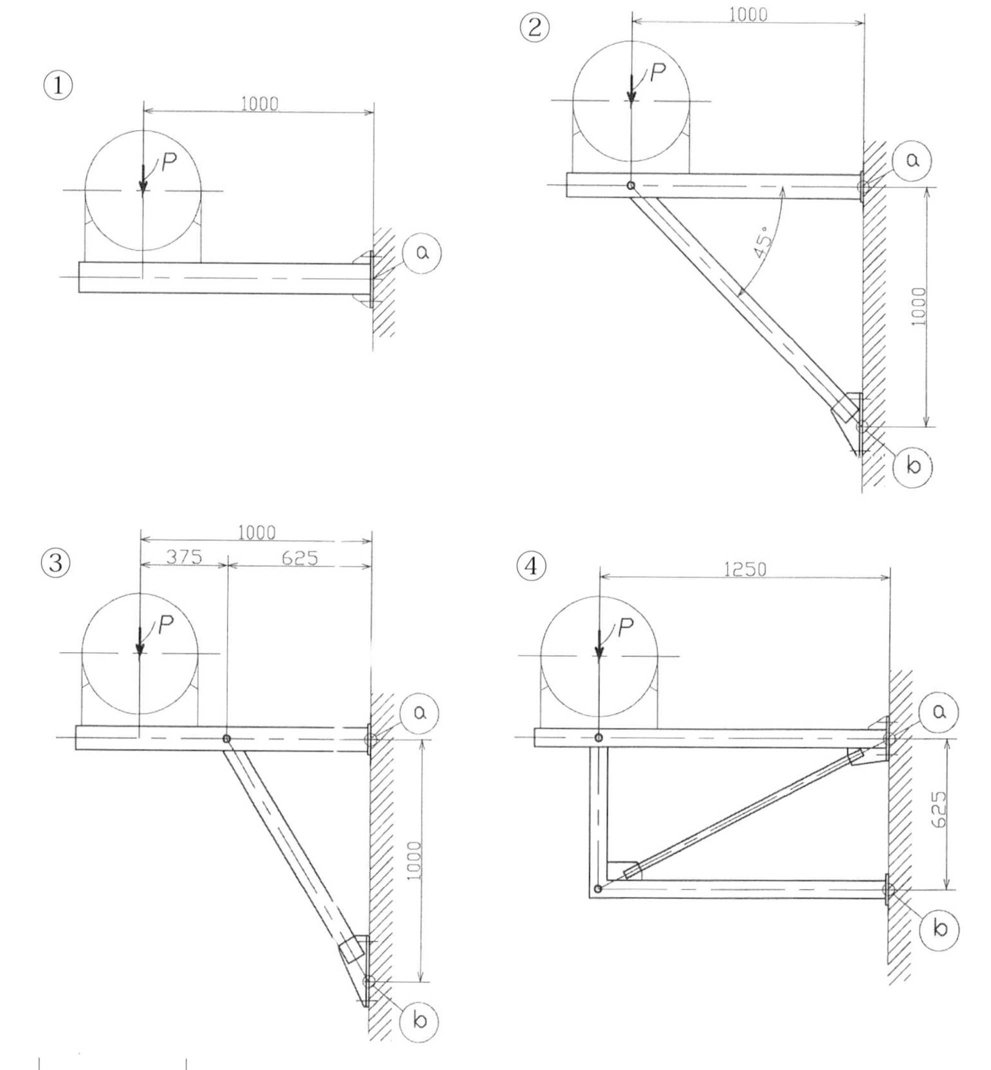

7-2 下図に示すような水平ベルトコンベヤがある。

主仕様は次のとおりである。

運搬物質量　$m = 40$ kg/m

搬送速度　$v = 50$ m/min

電源、電動機　50Hz　AC220V　4P

全機械効率　$\eta = 0.8$

駆動プーリ径　$D = 265$mm

次の設問（1）～（4）に答えよ

（1）搬送時駆動プーリに加わる負荷トルクを求めよ、ただし、搬送摩擦係数 $\mu = 0.12$ とし他は考慮しなくてよい。

（2）駆動チェーンに加わる力を求めよ。

（3）駆動プーリ及びモータの回転速度を求め、ギヤードモータの減速比求めよ。

（4）モータの必要動力（W）を求めよ。

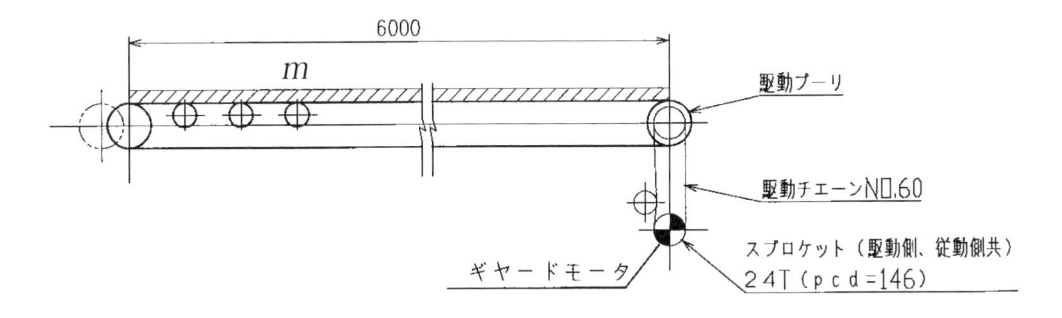

7-3 下図はライン上に流れてきたワークを、つり上げて 90°回転移動する移載機の計画図である。

条件　ワークの質量　：50kg
　　　装置の質量 M_1：400kg
　　　　　　　　M_2：150kg

ビームの先端は -1.0°～ +5.0°俯仰するが、ビームは 0°として、
下記の設問（1）～（4）に答えよ。

（1）エアシリンダに加わる最大荷重を求め、シリンダの必要径を求めよ。ただし、装置の回転部の摩擦負荷、俯仰時の慣性力は考慮しないものとするが、負荷率は 50%とする。また、エア圧力は 0.5MPa とし、次のシリンダ径［mm］より選べよ。
　　ϕ 120　　ϕ 140　　ϕ 160　　ϕ 180　　ϕ 200　　ϕ 225　　ϕ 250

（2）ビーム主桁に加わる曲げモーメント、軸力を求めよ。

（3）取付面に加わる圧縮力、最大モーメントを求めよ。

（4）ビームが下図の位置のとき、取付ボルトに加わる力を求めよ。

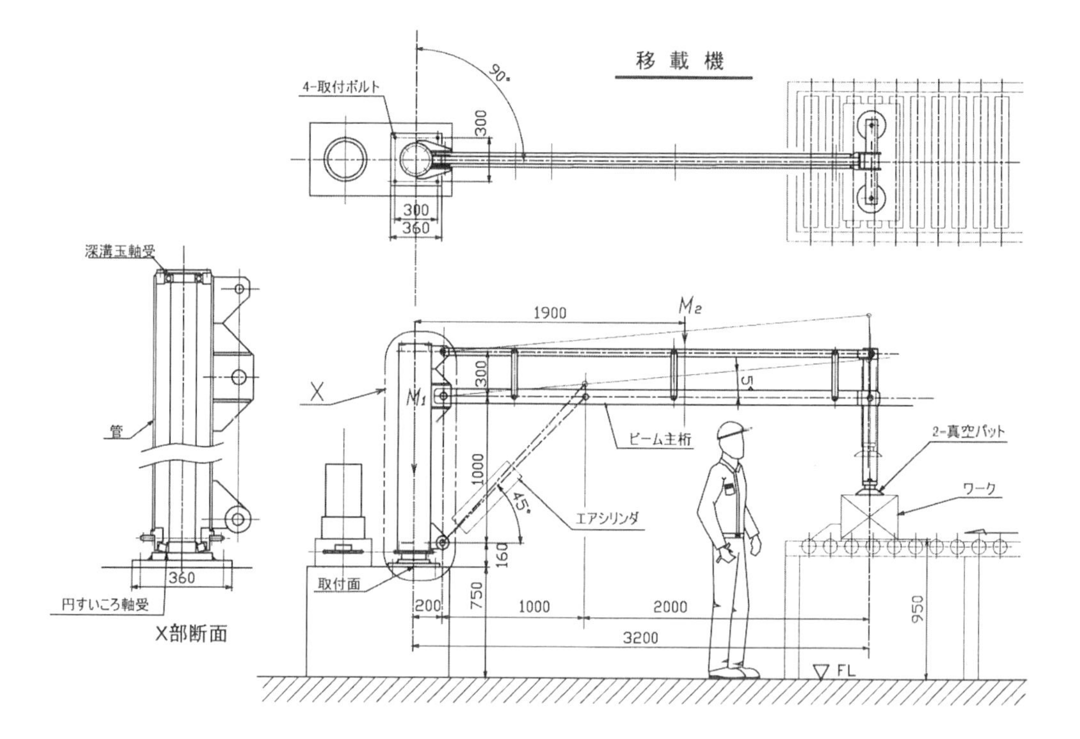

令和３年度　２級　試験問題Ⅰ　解答・解説

（1. 機械設計分野　3. 熱・流体分野　5. メカトロニクス分野）

〔1. 機械設計分野〕

1　解答

A	B	C	D	E	F	G	H	I	J
②	①	②	①	①	②	①	①	②	①

解説

【A】座屈の強度は「オイラーの公式」により求めることができる。

$$P = n\frac{\pi^2 EI}{\ell^2}$$

P：座屈荷重、n：端末条件係数、E：縦弾性係数、I：断面二次モーメント、

ℓ：座屈長さ

座屈荷重が大きいほど壊れにくいことを表す。

【C】スプラインとは、外歯と内歯が切られた構造同士をかみ合わせることで動力伝達を行う締結要素である。スプライン締結はキー締結より溝の数が複数あるため、大きなトルクを伝達できる。

【F】

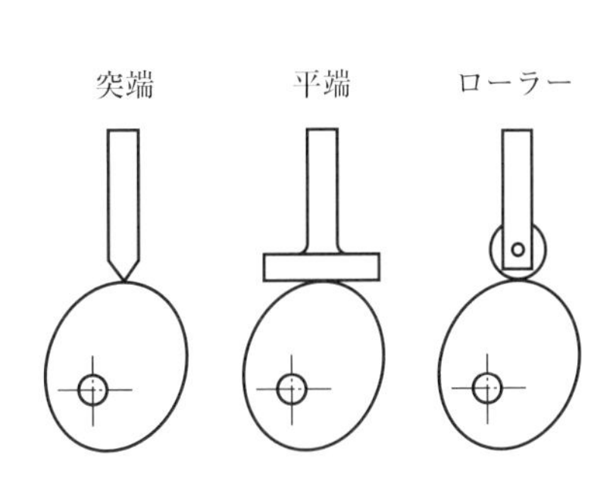

- カムと従動節が接触する接触子の種類には「突端」「平端」「ローラー」がある。
- 突端は、摩擦による摩耗が欠点であるが、カムの動きを従動節へ正確に伝えることができる。
- ローラーは、摩擦の少ない伝達が可能であるが、回転精度によってはカムの動きを従動節へ正確に伝えることができない場合がある。
- カムの形状が複雑な場合には、平端の接触子を用いる。

【I】

- モジュールは、歯車の大きさを表すために使われ、歯車の選定や機構を設計する際にもっとも基準となる値であり、値が大きいほど歯の大きさが大きくなる。
- 歯元の強度は、モジュールと歯幅で決まる。

2

（1）**解答**

i				ii				iii			
A	B	C	D	E	F	G	H	I	J	K	L
⑤	⑪	②	⑧	⑤	⑤	⑦	③	④	⑨	⑤	⑩

解説

i）

歯車対1、2のモジュール：$m_1 = 3$ mm、歯車対3、4のモジュール：$m_2 = 4$ mm

歯車対1、2の軸間距離：$a = 120$ mm、歯車対3、4の軸間距離：$a = 120$ mm

歯車対1、2の速度比（速度伝達比）：$i_1 = 3$

歯車対3、4の速度比（速度伝達比）：$i_2 = 3$

平歯車1、2、3、4の歯数z_1、z_2、z_3、z_4を求める。

$$a = \frac{m_1(z_1 + z_2)}{2} \text{ より、} 120 = \frac{3(z_1 + z_2)}{2}$$

$$240 = 3(z_1 + z_2) \qquad \cdots\cdots [1]$$

$$i_1 = \frac{n_1}{n_2} = \frac{z_2}{z_1} = 3 \text{ より、} z_2 = 3z_1 \qquad \cdots\cdots [2]$$

ここで、n_1は入力軸Ⅰの回転速度、n_2は中間軸Ⅱの回転速度

式［2］を式［1］に代入

$$240 = 3(z_1 + 3z_1) = 12z_1$$

答　$z_1 = 20$、$z_2 = 60$

$$a = \frac{m_2(z_3 + z_4)}{2} \text{ より、} 120 = \frac{4(z_3 + z_4)}{2}$$

$$240 = 4(z_3 + z_4) \qquad \cdots\cdots [3]$$

$$i_2 = \frac{n_2}{n_3} = \frac{z_4}{z_3} = 3 \text{ より、} z_4 = 3z_3 \qquad \cdots\cdots [4]$$

ここで、n_3は出力軸Ⅲの回転速度

式［4］を式［3］に代入

$$240 = 4(z_3 + 3z_3) = 16z_3$$

答　$z_3 = 15$、$z_4 = 45$

ⅱ）

平歯車1、2、3、4の転位係数 x_1、x_2、x_3、x_4 を求める。

圧力角が20°の場合における切り下げ防止のための転位係数は、理論的に次式となる。

$$x = 1 - \frac{z}{17} \qquad \cdots\cdots [5]$$

小歯車の歯数は、17枚以上でなければ切り下げが生じる。

平歯車1、2は切り下げなし。　　　　答　$x_1 = 0$、$x_2 = 0$

x_3 は、式［5］より

$$x_3 = 1 - \frac{z_3}{17} = 1 - \frac{15}{17} = \frac{2}{17} = 0.1176 \fallingdotseq 0.12$$

歯車対3、4の軸間距離は転位前と同じとするので、

$x_4 = -0.12$　　　　答　$x_3 = 0.12$、$x_4 = -0.12$

ⅲ）

平歯車1、2、3、4の歯先円直径 d_{a1}、d_{a2}、d_{a3}、d_{a4} を求める。

平歯車1の歯先円直径：d_{a1}

$$d_{a1} = m_1(z_1 + 2) = 3(20 + 2) = \underline{66\ [\mathrm{mm}]}$$

平歯車2の歯先円直径：d_{a2}

$$d_{a2} = m_1(z_2 + 2) = 3(60 + 2) = \underline{186\ [\mathrm{mm}]}$$

平歯車3の歯先円直径：d_{a3}

$$d_{a3} = m_2(z_3 + 2) + 2 \times x_3 \times m_2$$
$$= 4(15 + 2) + 2 \times 0.12 \times 4 = 68 + 0.96$$
$$= \underline{68.96\ [\mathrm{mm}]}$$

平歯車4の歯先円直径：d_{a4}

$$d_{a4} = m_2(z_4 + 2) + 2 \times x_4 \times m_2$$
$$= 4(45 + 2) + 2 \times (-0.12) \times 4 = 188 - 0.96$$
$$= \underline{187.04\ [\mathrm{mm}]}$$

2級 解答・解説

（2）～（8）**解答**

M	N	O	P	Q	R	S	T
②	④	⑪	⑩	④	④	③	⑤

解説

（2） 出力軸Ⅲの回転速度 n_3、最大出力軸トルク T_3 を求める。

入力軸の定格出力：$H = 5.5$ kW、回転速度：$n_1 = 1500$ min^{-1}

ただし、$\pi = 3.14$ とし、歯車装置や軸継手などの諸損失は無視できるものとする。

速度比（速度伝達比）：i

$$i = i_1 \times i_2 = 3 \times 3 = 9$$

$$i = \frac{n_1}{n_2} \cdot \frac{n_2}{n_3} = \frac{n_1}{n_3} = \frac{1500}{n_3} = 9$$

$$n_3 = \frac{1500}{9} \fallingdotseq \underline{166.7\ [\mathrm{min}^{-1}]}$$

定格出力：H [W]

$$H = 2 \times \pi \times T \times \frac{n}{60} \text{ より}$$

$$5.5 \times 10^3 = 2 \times 3.14 \times T_3 \times \frac{n_3}{60}$$

$$T_3 = \frac{5.5 \times 10^3 \times 60}{2 \times 3.14 \times 166.7} = \underline{315.2\ [\mathrm{N \cdot m}]}$$

（3） 出力軸Ⅲの直径 d_3 を求める。

出力軸の許容ねじり応力：$\tau_a = 25$ MPa

$$d_3 = \sqrt[3]{\frac{16 \times T_3}{\pi \times \tau_a}} = 17.2\sqrt[3]{\frac{T_3}{\tau_a}} = 17.2\sqrt[3]{\frac{315.2}{25}} = 40.03\ [\mathrm{mm}]$$

表 2 の中から、出力軸の直径 $\underline{d_3 = 42\ \mathrm{mm}}$ とする。

（4） 出力軸Ⅲを支持する軸受を**表 3** より選択する。

上記（3）より軸径は 42 mm である。

そこで、軸受内径は 45 mm の呼び番号 <u>6209</u> を選択する。

（5） 平歯車4の基準円直径をd_{04}とし、基準円上における接線方向荷重F_{t4}を求める。

基準円直径：d_{04}

$$d_{04} = m_2 \times z_4 = 4 \times 45 = 180\ [\text{mm}] = 0.18\ [\text{m}]$$

出力軸のトルク：$T_3 = 315.2$［N・m］ 前ページ（2）の解答による。

$$T_3 = F_{t4} \times \frac{d_{04}}{2},\quad F_{t4} = \frac{2 \times T_3}{d_{04}} = \frac{2 \times 315.2}{0.18} = 3502\ [\text{N}] = \underline{3.5\ [\text{kN}]}$$

（6） 平歯車4の歯の先端に作用する法線方向荷重F_{n4}を求める。

$$F_{t4} = F_{n4} \times \cos\alpha$$

$$F_{n4} = \frac{F_{t4}}{\cos\alpha} = \frac{3.5}{\cos 20} = \underline{3.72\ [\text{kN}]}$$

（7） 軸受Aに作用するラジアル荷重F_Aを求める。

平歯車4の歯の先端に作用する荷重は、軸受Aと軸受Bが支持しているので、軸受Aに作用するラジアル荷重F_Aは、軸受B回りのモーメントのつり合いから次式が得られる。

$$F_A \times 70 = F_{n4} \times 30$$

$$F_A = F_{n4} \times 30/70 = 3.72 \times 30/70 = \underline{1.59\ [\text{kN}]}$$

（8） 軸受Aの寿命時間を計算する。

寿命時間の計算式

$$L_h = \frac{10^6}{60 \times n}\left(\frac{C}{W}\right)^m\ [\text{時間}] \qquad \cdots\cdots [6]$$

ただし、n：回転速度［min^{-1}］、C：基本動定格荷重［N］、W：動等価荷重［N］、

m：玉軸受は3

題意に添って、次の数値を式［6］に代入。

$n \to n_3$：出力軸回転速度 166.7［min^{-1}］

C：**表3**に示す呼び番号6209の基本動定格荷重 31500［N］

$W \to F_A$：軸受に働くラジアル荷重 1.59［kN］

$$L_h = \frac{10^6}{60 \times n_3}\left(\frac{C}{F_A}\right)^3 = \frac{10^6}{60 \times 166.7}\left(\frac{31500}{1.59 \times 10^3}\right)^3$$

$$= 777416 = \underline{77.74 \times 10^4\ [\text{時間}]}$$

2級 解答・解説

〔3. 熱・流体分野〕

1 解答

A	B	C	D	E	F
②	③	④	⑥	⑧	⑩

解説

図に示された無限平行二平面間のふく射エネルギーによる単位時間、単位面積当たりのふく射熱流束は両面とも黒体であれば、ステファン・ボルツマンの法則により、その熱流束をq_b〔W/m^2〕とすると

$$q_b = 5.67\left[\left(\frac{T_1}{100}\right)^4 - \left(\frac{T_2}{100}\right)^4\right] \qquad \cdots\cdots (1)$$

で与えられる。

しかし、黒体は存在せず、図のように面1、面2が灰色体で放射率をそれぞれε_1、ε_2とすると、面1からふく射された単位時間、単位面積当たりのふく射エネルギーE_1は

$$E_1 = 5.67\varepsilon_1\left(\frac{T_1}{100}\right)^4$$

で放射され、面2に達するとキルヒホッフの法則により、放射率と吸収率は等しいので、放射率ε_2により$\varepsilon_2 E_1$だけ吸収され、残り（$1-\varepsilon_2$）E_1が反射される。さらに反射されたふく射エネルギーは面1で吸収および反射され、それが無限にくり返されることになる。

したがって、面1から放射したふく射エネルギーのうち、面2が吸収するふく射エネルギーによる熱流束q_2は

$$q_2 - \varepsilon_2 E_1 + \varepsilon_2(1-\varepsilon_1)(1-\varepsilon_2)E_1 + \varepsilon_2(1-\varepsilon_1)^2(1-\varepsilon_2)^2E_1 + \cdots\cdots\cdots$$

$$= \frac{\varepsilon_2 E_1}{1-(1-\varepsilon_1)(1-\varepsilon_2)}$$

で表され、同様にして、面2から放射したエネルギーのうち、面1が吸収する熱流束q_1は

$$q_1 = \frac{\varepsilon_1 E_2}{1-(1-\varepsilon_1)(1-\varepsilon_2)}$$

で表される。

したがって、平行二平面において、灰色体の面1から面2へのふく射エネルギーによる熱流束をq_gとすると、$q_g = q_2 - q_1$で求まるので、上式E_1、E_2にステファン・ボルツマンの法則により、温度の関係を代入すると、結局、次式が得られる。

$$q_g = 5.67 f_e \left[\left(\frac{T_1}{100} \right)^4 - \left(\frac{T_2}{100} \right)^4 \right] \ [\mathrm{W/m^2}] \qquad \cdots\cdots (2)$$

ここで、f_e は物体系の間のふく射伝熱の放射係数と呼ばれ、

$$f_e = \frac{1}{\frac{1}{\varepsilon_1} + \frac{1}{\varepsilon_2} - 1} \qquad \cdots\cdots (3)$$

で与えられる。したがって、灰色体の場合のふく射エネルギーは黒体の場合の f_e 倍になることがわかる。

$$q_g = f_e q_b \qquad \cdots\cdots (4)$$

次に面1から面2の間の希薄気体層の熱伝導による熱流束 q_c はフーリエの法則により、2面間の距離を δ として

$$q_c = \frac{\lambda}{\delta} (T_1 - T_2) \qquad \cdots\cdots (5)$$

で与えられる。この λ を熱伝導率という。

2 解答

A	B
②	④

解説

（1） 題意より、

$$\eta = \frac{P}{P_0}、P = \rho g Q H \text{ なので、}$$

$$P_0 = \frac{P}{\eta} = \frac{\rho g Q H}{\eta} = \frac{1000 \times 9.8 \times 40 \times 400}{0.80} = 196\ \mathrm{MW}$$

したがって、600 MW を貯蔵できるポンプ水車の台数は、

$600 \div 196 = 3.06 \rightarrow$ 3台

（2） 前問より、3台使用するので、流量は、

$40 \times 8 \times 60^2 \times 3 = 3456000 \fallingdotseq 3.46 \times 10^6\ \mathrm{m^3}$

2級 解答・解説

3 解答

A	B	C
③	③	②

解説

（1） 題意より、

$$\Delta P = \frac{p}{Q} = \frac{2000}{0.024} = 83333\ \text{Pa}$$

$$V = \frac{Q}{\frac{\pi}{4}d^2} = \frac{0.024}{\frac{\pi}{4}0.1^2} = 3.06\ \text{m/s} \text{ なので}$$

$$\lambda = \Delta p \frac{d}{L} \cdot \frac{2}{\rho v^2} = 83333 \times \frac{0.1}{55} \times \frac{2}{1000 \times 3.06^2} = 0.03236 \fallingdotseq \underline{0.0324}$$

（2） レイノルズ数 Re は、

$$Re = \frac{\rho v d}{\mu} = \frac{1000 \times 3.06 \times 0.1}{1.009 \times 10^{-3}} = 303270$$

ムーディー線図より、$\frac{\varepsilon}{d} = 0.006$

したがって、$\varepsilon = 0.006 \times 0.1 = 0.0006\ \text{m} = \underline{0.6\ \text{mm}}$

（3） 題意より、$\frac{\varepsilon}{d} = \frac{0.002}{0.1} = 0.02$

ムーディー線図より、$\lambda = 0.0495$

$$\Delta p = \lambda \frac{L}{d} \cdot \frac{\rho v^2}{2} = 0.0495 \times \frac{55}{0.1} \times \frac{1000 \times 3.06^2}{2} = 127462\ \text{Pa}$$

$$P = \Delta p \cdot Q = 127462 \times 0.024 = 3059\ \text{W} \fallingdotseq \underline{3.1\ \text{kW}}$$

〔5. メカトロニクス分野〕

1 解答

A	B	C	D	E	F	G	H	I	J
②	①	③	④	②	①	④	①	②	③

解説

工作機械などの自動化において、センサは必要不可欠の要素である。センサは原理、構造、特性など多様である。したがって、センサの選択に当たっては、センシングの目的、対象、精度、環境などを考慮しながら最適なものを選定しなければならない。

センサは使用目的によって大きく検出用と計測用に分類できる。検出用は接触式と非接触式に分けられる。【F】の「タッチセンサ」や【H】の「リミットスイッチ」は前者に属するし、【B】の「光電スイッチ」は後者に属するセンサである。その他、非接触式には高周波誘導式や静電容量式の「近接スイッチ」や「エリアセンサ」がある。

計測用センサは、計測する対象によって分類できる。直線変位を計測するものに【A】の「インダクトシン」、【E】の「電気マイクロメータ」や【I】の「レーザ測長機」のほか、「ポテンショメータ」、「マグネスケール」などがある。電気マイクロメータとポテンショメータはアナログ式であるが、それ以外はデジタル式である。

角度変位の計測に対しては、【C】の「ロータリーエンコーダ」や【J】の「レゾルバ」がある。前者はデジタル式であるが、後者はアナログ式である。幾何学的形状の計測には【D】の「スキャナ」や【G】の「イメージセンサ」があるが、一般的には後処理として画像処理が行われる。

計測対象はこれ以外に速度・加速度などの運動計測、圧力、温度、流体などで、さまざまなセンサが利用されている。なお、計測センサにはデジタル式とアナログ式があるが、自動化に利用する場合にはデジタル式の利用がほとんどである。

2 解答

A	B	C	D	E	F	G	H	I	J
②	⑥	⑩	⑫	⑪	⑧	⑨	④	①	③

解説

空気圧を利用したアクチュエータの代表が空気圧シリンダ（エアシリンダ）である。シリンダの伸縮運動や運動スピードなどの機能は、さまざまな空気圧機器を選択して回路を組むことで実現する。本問題の**図（a）**は複動形シリンダを駆動するための空気圧回路図である。ここで使用している機器の図記号は、「JIS B 0125：油圧および空気圧用図記号」に規定されている。

同図の左側に配置されている機器は、空気の流れの方向を制御する方向切替弁（エアバルブ）である。ここでは弁の切替を電磁操作で行う電磁弁（ソレノイドバルブ）が使われている。ソレノイドは1つで、配管接続口（ポート）は5個であることが図記号よりわかる。

シリンダに出入りする管に接続されている機器が、速度制御弁（スピードコントローラ）であり、絞り弁と逆止め弁（チェック弁）を並列に組み合わせている。この図のピストンの位置では、シリンダの左側に、電磁弁より空気を供給することで、ピストンを右側に動作させることになる。この際、空気は抵抗のないチェック弁側に多量に流れる。これが自由流である。ピストンが右側に移動することで、シリンダ右側の空気が排気されるが、このときにはチェック弁側は閉鎖されているので、絞り弁側を流れることになる。絞り弁の開度を調整することで流量が制御され速度調整が可能となる。このときの流れが制御流である。以上のようなシリンダの速度調節をメータアウト（排気絞り）制御という。逆に給気側で絞り弁で速度制御するのが、メータイン（給気絞り）制御である。

図（b）の押出し単動形シリンダで押出しの速度を制御するときには、押出し側（給気側）にスピードコントローラを接続して、絞り弁側を空気が流れるようにすればよい（メータアウトとはチェック弁の方向は逆に設置）。つまり、メータイン制御となる。シリンダが戻るときには、ばねの力で戻るために速度調整はできない。戻るときにも速度調整をしたいときには、直列にスピードコントローラを1つ追加する。当然、追加するスピードコントローラのチェック弁は、逆方向に設定することになる。

3

（1）**解答**

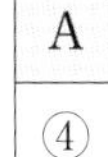

A
④

解説

- フィードバック制御について述べた文章である。

（2）**解答**

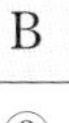

B
③

解説

- PID 制御の要素について述べた文章である。

（3）**解答**

C
③

解説

- センサは、メカトロニクスの「計測」「制御」に不可欠な要素である。
- センサの代表的な特性について知っておく必要がある。
- リミットスイッチとリードスイッチを述べた文章は説明が反対である。
- 光電センサは、検出方法により、主に「透過形」「拡散反射形」「回帰反射形」の３種類に分類される。
- センサ素子とは、物理量を電気的な信号に変換する素子であり、通常はアナログ信号である。センサ素子を使うには、微小なセンサ信号を精度よく取り込んでデジタル化する信号処理回路が必要となる。

4

（1）**解答**

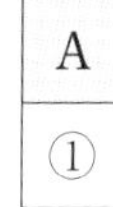

解説

動作パルス数 A（ワークをＡ点からＢ点へ移動させる場合、モータが回転しなければならない角度をパルス信号の数で表したもの）は、

$$A = \frac{\ell}{\pi D} \times \frac{360}{\theta_s} = \frac{400}{3.14 \times 65} \times \frac{360}{0.36} = 1960\ \text{パルス}$$

運転パルス速度 f_2 は、$f_2 = \dfrac{A - f_1 t_1}{t_0 - t_1} \times \dfrac{1960 - 0 \times 0.1}{0.5 - 0.1} = 4900\ \text{Hz}$

したがって、モータの回転速度 N は、$N = \dfrac{\theta_s}{360} \times f_2 \times 60 = \dfrac{0.36}{360} \times 4900 \times 60 = \underline{294\ \text{min}^{-1}}$

（2）**解答**

解説

負荷トルク T_L は、プーリの接触部分に生じる摩擦抵抗に対して必要なトルクなので、

$$T_L = \mu mg \frac{D}{2} = 0.2 \times 2.5 \times 9.8 \times \frac{65 \times 10^{-3}}{2} = 0.159 = \underline{1.59 \times 10^{-1}\ \text{N·m}}$$

（3）**解答**

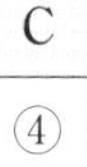

解説

プーリの慣性モーメント J_p は、$J_p = \dfrac{1}{8} m_p D^2$

ワークの慣性モーメント J_w は、$J_w = \dfrac{1}{4} mD^2$

したがって、$J_L = 2 \times J_p + J_w = 2 \times \dfrac{1}{8} m_p D^2 + \dfrac{1}{4} mD^2 = \dfrac{1}{4} (m_p + m) D^2$

$$= \frac{1}{4} (0.7 + 2.5) \times (65 \times 10^{-3})^2 = \underline{3.38 \times 10^{-3}\ \text{kg·m}^2}$$

令和3年度　2級　試験問題Ⅱ　解答・解説

（2. 力学分野　4. 材料・加工分野　6. 環境・安全分野）

〔2. 力学分野〕

1 解答

A	B	C
②	②	②

解説

バンド式動力計に関する力学問題である。

（1） ロータの外周速度 v［m/sec］は、ロータの直径 $D = 0.8$ m、回転速度 $n = 360\ \mathrm{min}^{-1}$ とすると

$$v = \frac{\pi Dn}{60} = \frac{\pi \times 0.8 \times 360}{60} \fallingdotseq 15\ \mathrm{m/sec}$$

（2） 回転動力 L［kW］は、回転力を F［N］とすると

$$L = Fv$$

F は、ばねばかりの読みを $P = 400$［N］、おもりの質量を $m = 20$［kg］とすれば

$$F = P - mg = 400 - 20 \times 9.8 = 204\ \mathrm{N}$$

したがって、

$$L = 204 \times 15 = 3060\ \mathrm{W} = 3.06\ \mathrm{kW}$$

（3） おもりの質量 m を x とすると

$$L = Fv = (P - x \cdot g)\,v$$

ここで $L = 2000$ W、$P = 400$ N、$v = 15$ m/sec を代入すると

$$2000 = (400 - 9.8x) \times 15$$

$$= 6000 - 147x$$

$$\therefore x \fallingdotseq 27.2\ \mathrm{kg}$$

2 解答

A	B	C	D
④	⑤	①	②

解説

力とモーメントのつり合いに関する静力学と応力を求める材料力学の融合問題である。

（1） 差動滑車のシステムにおいて、定滑車Eの中心回りのモーメントのつり合いを考慮すると以下の式が求まる。

$$\frac{W}{2}R = \frac{W}{2}r + FR$$

Fについて解くと

$$F = \frac{W(R - r)}{2R}$$

（2） L型の丸棒のB点に荷重Wが作用していると考えると、A点に作用する最大曲げモーメントM_Aは、$M_A = WL$

したがって、A点に生じる最大曲げ応力σ_bは、Z_bを断面係数とすると

$$\sigma_b = \frac{M_A}{Z_b} = \frac{WL}{(\pi d^3/32)} = \frac{32WL}{\pi d^3}$$

（3） A点に生じるねじりモーメントT_Aは

$$T_A = W \times \frac{L}{2}$$

したがって、A点に生じる最大ねじり応力τ_Pは，Z_Pを極断面係数とすると

$$\tau_P = \frac{T_A}{Z_P} = \frac{(WL/2)}{(\pi d^3/16)} = \frac{8WL}{\pi d^3}$$

（4） 相当曲げモーメントM_eの式において、$M = M_A = WL$、$T = T_A = \frac{WL}{2}$を代入すると

$$M_e = \frac{1}{2}\left(M + \sqrt{M^2 + T^2}\right) = \frac{1}{2}\left(WL + \sqrt{(WL)^2 + (WL/2)^2}\right) = \frac{WL}{4}(2 + \sqrt{5})$$

したがって，最大主応力σ_1は

$$\sigma_1 = \frac{M_e}{Z_b} = \frac{32}{\pi d^3} \times \frac{WL}{4}(2 + \sqrt{5}) = \frac{8(2 + \sqrt{5})WL}{\pi d^3}$$

3 解答

A	B	C	D
④	③	③	④

解説

（1） 質量 M の物体が斜面を距離 $a+\delta$ だけ滑り落ちたときのエネルギー U は、

$$U = Mg(a+\delta)\sin 30^\circ = \frac{Mg(a+\delta)}{2}$$

（2） 弾性体に荷重 P が作用して δ 変形したとき、弾性体に蓄えられるひずみエネルギー U は、**右図**を参照して次式で表される。

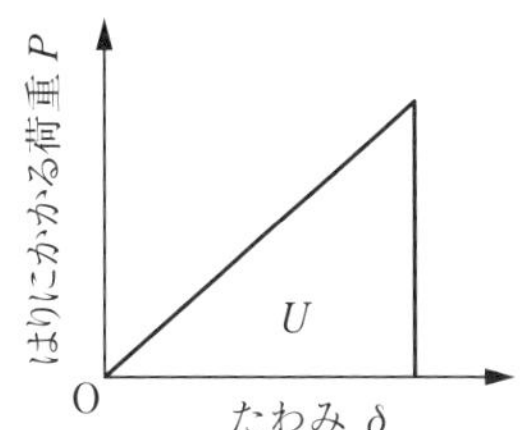

$$U = \frac{P\delta}{2}$$

長さ ℓ のはりに荷重 P が作用したときのはりの変形量は次式で表される。

$$\delta = \frac{P\ell^3}{3EI}$$

上の2つの式から P を消去すると、蓄えられるひずみエネルギー U は、次式のように δ の関数として表すことができる。

$$U = \frac{3EI\delta^2}{2\ell^3}$$

（3） 片持ちはりに蓄えられるひずみエネルギーと物体の位置エネルギーが等しいとして、

$$U = \frac{3EI\delta^2}{2\ell^3} = \frac{Mg(a+\delta)}{2}$$

これを変形して

$$3EI\delta^2 - Mg(a+\delta)\ell^3 = 3EI\delta^2 - Mg\delta\ell^3 - Mga\ell^3 = 0$$

二次方程式の解の公式を用いて、これを解くと

$$\delta = \frac{Mg\ell^3 \pm \sqrt{(Mg\ell^3)^2 + 12EIMga\ell^3}}{6EI}$$

$\delta > 0$ を考慮して、

$$\delta = \frac{Mg\ell^3}{6EI}\left(1 + \sqrt{1 + \frac{12EIa}{Mg\ell^3}}\right) \qquad \cdots\cdots [1]$$

2級 解答・解説

$$\delta = \frac{2.5 \times 9.8 \times 1.3^3 \times 12}{6 \times 206 \times 10^9 \times (30 \times 10^{-3})^4} \left(1 + \sqrt{1 + \frac{206 \times 10^9 \times (30 \times 10^{-3})^4 \times 1.5}{2.5 \times 9.8 \times 1.3^3}}\right)$$

$$= 0.0446\ \mathrm{m} = \underline{45\ \mathrm{mm}}$$

参考：おもりを静かにはりにのせたときのたわみを δ_{st} とすると、$a = 0$ の位置から急におもりを落下させたときのたわみ量は、式［1］から次式となる。

$$\delta = \delta_{st}(1 + \sqrt{1}) = 2\,\delta_{st}$$

急におもりをのせたときは、静かにおもりをのせたときの2倍のたわみを生ずることになる。

（4） 片持ちはりのたわみ δ と曲げ応力 σ_{max} の関係を求める。

$$\delta = \frac{P\ell^3}{3EI},\quad \sigma_{max} = \frac{P\ell}{I} \cdot \frac{b}{2}$$

これらの式から $P\ell$ を消去すると、

$$\delta = \frac{2\sigma_{max}\ell^2}{3Eb} \quad \therefore \quad \sigma_{max} = \frac{3Eb}{2\ell^2} \cdot \delta$$

この式に、式［1］を用いて

$$\sigma_{max} = \frac{Mg\ell b}{4I} \left(1 + \sqrt{1 + \frac{12EIa}{Mg\ell^3}}\right)$$

$$= \frac{12 \times 2.5 \times 9.8 \times 1.3 \times 30 \times 10^{-3}}{4 \times (30 \times 10^{-3})^4} \left(1 + \sqrt{1 + \frac{206 \times 10^9 \times (30 \times 10^{-3})^4 \times 1.5}{2.5 \times 9.8 \times 1.3^3}}\right)$$

$$= \underline{244.6 \times 10^6\ \mathrm{Pa}}$$

4 解答

A	B	C	D
③	④	②	①

解説

（1） **右図**のような単位長さの板厚 t の薄肉円筒について考える。直径を通る断面における力のつり合い式は、

$$pD = 2t\sigma_t$$

これを変形して、

$$\sigma_t = \frac{pD}{2t}$$

（2） 軸方向応力 σ_z

右図に示すようなタンクの対称軸に垂直な断面について、縦方向の力のつり合い式を考える。

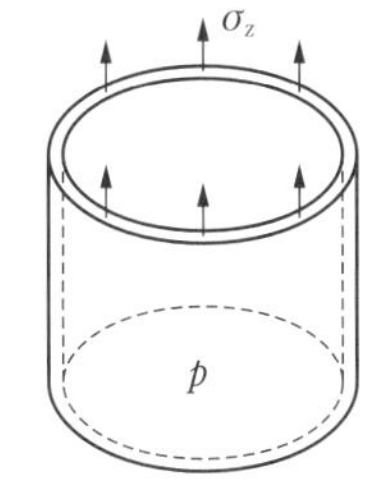

下向きの力は、$\dfrac{\pi D^2 p}{4}$ であり、タンクを構成する板内の応力に板の面積をかけると、上向きの軸力が次のように

$$\pi D \cdot \sigma_z t$$

と求められる。

これらを等しいとおいて σ_z を求めると、

$$\sigma_z = \frac{pD}{4t}$$

（3） 円周方向応力 σ_t ＞軸方向応力 σ_z だから、σ_t が許容応力 σ_{al} 以下になるように板厚 t を決定すればよい。

$$\sigma_{al} > \frac{pD}{2t}$$

よって　$t > \dfrac{pD}{2\sigma_{al}} = \dfrac{900 \times 10^3 \times 10}{2 \times 125 \times 10^6} = 0.036\ \text{m} = \underline{36\ \text{mm}}$

（4） 円周方向応力 σ_t と軸方向応力 σ_z が作用する組合せ応力にあるから、一般化されたフックの法則を用いると、円周方向ひずみ ε_t は次式で求めることができる。

$$\varepsilon_t = \frac{(\sigma_t - \nu\sigma_t)}{E}$$

圧力 p が加えられたことによる円周の長さは $\pi(D + 2u)$ であり、加圧前の円周の長さは πD だから、円周ひずみ ε_t は

$$\varepsilon_t = \frac{\pi(D + 2u) - \pi D}{\pi D} = \frac{2u}{D}$$

$$\therefore \quad u = \frac{D\varepsilon_t}{2} = \frac{(\sigma_t - \nu\sigma_z)D}{2E} = \left(\frac{pD}{2t} - \nu\frac{pD}{4t}\right)\frac{D}{2E}$$

$$= \frac{pD^2}{8Et}(2 - \nu)$$

板厚 $t = 40$ mm として、変位 u を計算すると、

$$u = \frac{900 \times 10^3 \times 10^2 \times (2 - 0.3)}{8 \times 206 \times 10^9 \times 40 \times 10^{-3}} = 2.321 \times 10^{-3}\ \mathrm{m}$$

$$= \underline{2.3\ \mathrm{mm}}$$

〔4. 材料・加工分野〕

1 解答

A	B	C	D	E	F	G	H	I	J
⑫	⑧	⑦	②	①	⑤	⑪	⑭	⑨	④

解説

各種鋼材の概略は次のとおりである。

① 一般構造用圧延鋼材

通常SS材と呼ばれているもので、鋼材の中ではもっとも安価である。JIS規格では引張強さによってSS340、SS400、SS490およびSS540の4種類に分類されているが、もっとも一般的なものはSS400である。SSの最初のSはSteel（鋼）、次のSはStructure（構造）を、その後に続く3桁の数字は引張強さの下限を示している。たとえば、SS400の引張強さは400～510 MPa、SS540の引張強さは540 MPa以上である。

② 冷間圧延鋼板・鋼帯

絞り加工など塑性加工用の鋼板で、冷間加工によって製造されており、JISではSPC（Steel Plate Cold）で表されている。熱間圧延軟鋼板と同様にSPCC（一般用）、SPCD（絞り用）およびSPCE（深絞り用）の3種類があり、用途によって使い分けられている。用途としては、自動車車体、建築材、電気部品、機械部品などに広く利用されている。

③ 熱間圧延鋼板・鋼帯

絞り加工など塑性加工用の鋼板で、熱間圧延によって製造されており、JISではSPH（Steel Plate Hot）で表されている。この鋼板にはSPHC、SPHDおよびSPHEの3種類があり、これらは引張強さは同程度であるが、化学成分や伸びは異なる。すなわち、後者ほど不純物元素であるP（リン）およびS（イオウ）の含有量が少なく、伸びが大きいことから絞り性に富んでいる。

④ 機械構造用炭素鋼鋼材

C（炭素）を0.10～0.60％含有するもので、一般にはSC材と呼ばれており、SとCの間に数字が表示されている。この数字は規定されているC量の中間値を示しており、たとえばS45Cの炭素量は0.42～0.48％である。このC量は、使用する際の硬さや引張強さの目安になるものであり、C量が多いほど全般的に高い硬さが得られる。

⑤ 機械構造用合金鋼鋼材

0.12～0.50％の炭素のほかにMn（マンガン）、Cr（クロム）、Mo（モリブデン）、Ni（ニッケル）など種々の合金元素を適量添加したものである。これら合金元素の添加は鋼の性質に多大な影響を及ぼすため、使用する際には炭素量とその合金元素の種類や量が選定目安になる。

⑥ 冷間圧造用合金鋼鋼材

ボルトやリベットなどのねじ類および各種部品を、冷間圧造によって製造する場合に使用する線材である。JISによる記号は機械構造用合金鋼の記号の後にRCH（R：Rods、C：Cold、H：Heading）を付したもので、たとえばSCM435RCHの化学成分はSCM435と同じである。また、焼入性を保証した鋼材の記号の場合は、RCHの前にH（Hardenability）を付して、たとえばSCM435HRCHである。

⑦ 快削鋼鋼材

加工精度または加工速度を重視する場合によく用いられている。合金元素としてはS（イオウ）単体またはSのほかにPb（鉛）やTe（テルル）などが添加されているものもある。Sは鋼中のMu（マンガン）と反応して、灰色のMnS（硫化マンガン）として存在しており、切削加工時の切り粉が断続的になることによって被削性が向上する。

⑧ 高炭素クロム軸受鋼鋼材

SUJ（Jikuuke：軸受）の記号で5種類が規定されており、通称ベアリング鋼とも呼ばれている。炭素量はすべての鋼種において0.95～1.10％であり、炭素以外の合金元素としては全鋼種にCr（クロム）が添加されており、その他にMn（マンガン）やSi（シリコン）を増量しているものもある。

⑨ 炭素工具鋼鋼材

炭素工具鋼はJIS規格ではSK（Kogu：工具）で表示され、0.6～1.5％のC（炭素）が添加されている。さらに炭素量によって分類されており、現在JIS G 4401では、SKの後に炭素量（規格の中間値）を示す数字を付記した11種類を規定している。たとえば、SK85の炭素量は0.80～0.85％である。

⑩ 合金工具鋼鋼材

合金工具鋼は炭素以外の合金元素を添加して焼入性および耐摩耗性を高めたものであり、種類が多く金型にも広く用いられている。JISではSKの後に用途別の記号を付けてSKS（Special：特殊）とSKD（Die：金型）に分類されており、それぞれの通称として特殊工具鋼、ダイス鋼とも呼ばれている。SKSはSKDに比べて添加されている合金元素の種類や量は少なく、主にタップやゲージ類によく用いられている。SKDは耐摩耗性と焼入性が良好なため、広範囲の金型にもっとも多く用いられている。

⑪ 高速度工具鋼鋼材

高速度工具鋼は、従来からドリルやバイトなど切削工具によく用いられていたが、最近では耐摩耗性を重視した金型類への適用事例も増加している。JISではSKH（High speed：高速）で表示されており、通称ハイスとも呼ばれている。工具鋼のなかではもっとも耐摩耗性が優れているが、多種多量の合金元素が添加されているため高価である。高速度工具鋼には必ずCrが約4％添加されているが、Crのほかに W（タングステン）と V（バナジウム）を含有している W 系のものと、W、Mo（モリブデン）、V を含有している Mo 系のものとに分類される。

⑫ ステンレス鋼棒

ステンレス鋼は Cr を 11％以上含有した鋼で、金属組織によって分類されており、主なものとしてオーステナイト系、フェライト系、マルテンサイト系がある。また、これらの中間的なものとして、オーステナイト・フェライト系と析出硬化系がある。

⑬ ばね鋼鋼材

コイルばねや板ばねに用いられるもので、JIS では SUP（Spring：ばね）の記号で 9 種類が規定されている。Si および Mn を添加した SUP6 と SUP7、Mn および Cr を添加した SUP9、Cr および V を添加した SUP10 などがあり、このほかに B（ホウ素）や Mo を添加したものも規定されている。

⑭ 焼入性を保証した構造用鋼鋼材

化学成分はあまり重視しないで、焼入れした際の表面硬さだけでなく、内部への硬さの推移まで保証したものである。主な用途は肉厚の大型部品であり、JIS の鋼種記号は、機械構造用合金鋼の記号の末尾に H（焼入性：Hardenability）を付けたもので、通称 H 鋼とも呼ばれている。

2 解答

測定原理					硬さの表示例				
A	B	C	D	E	F	G	H	I	J
⑤	③	①	⑦	②	④	②	⑥	①	⑤

解説

表1および表2を参照のこと。

表1　各種硬さ試験法の概略

硬さ試験法		使用圧子	測定原理
名称	記号		
ブリネル硬さ試験	HBW	超硬合金球	圧子を表面に押し込み、永久くぼみの直径を測定する
ビッカース硬さ試験	HV	対面角136度の正四角すい形ダイヤモンド	圧子を表面に押し込み、永久くぼみの対角線長さを測定する
ロックウエル硬さ試験	HR	先端角120度、先端半径0.2 mmRの円すい形ダイヤモンドまたは鋼球	圧子を表面に押し込み、永久くぼみの深さを測定する
ショア硬さ試験	HS	ダイヤモンドハンマー	ハンマーを一定の高さから落下させ、その跳ね上がり高さを測定する
ヌープ硬さ試験	HK	対りょう角172.5度および130度で底面がひし形のダイヤモンド	圧子を表面に押し込み、永久くぼみの長いほうの対角線長さを測定する

表2　ロックウエル硬さの主なスケールと硬さ記号

スケール		硬さ記号	圧子	初試験力 F_0 [N]	全試験力 F [N]	適用する範囲
ロックウエル	A	HRA	円すい形ダイヤモンド 先端曲率半径：0.2 mm 円すい角：120°	98.07 (10 kgf)	588.4	20～95HRA
	C	HRC			1471	10～70HRC
	F	HRF	直径1.5875 mmの鋼球または超硬合金球		588.4	60～100HRF
	B	HRB			980.7	20～100HRB

硬さの表示　65 HRC
- HRC：硬さ記号
- 65：ロックウエル硬さの値

3 **解答**

A	B	C	D	E	F	G	H	I	J	K	L	M	N
①	②	②	①	②	①	①	②	②	①	②	①	②	②

解説

材料から不要な部分を切りくずとして除去することで、所望の形状を創成する加工法が機械加工である。機械加工は通常は、切削加工、研削加工、砥粒加工、特殊加工などと分類するのが一般的であるが、今回は切りくず除去機構から強制加工法と選択的圧力加工法に分類しての設問であり、今までにない内容になっている。この考え方は、加工精度を確保するための方法の違いを表しているといえる。つまり、強制加工法は【A】に述べてあるように切込みを強制的に与えることで、正確な寸法を得るものであり、選択的圧力加工法では面接触させたときに圧力の高くなる部分を集中的に除去することで加工精度を確保する。【E】に記述してある定盤などの平面形成のための3面すり合わせ加工に応用されている。

強制加工法では、部品精度は【F】に示すように加工する機械である工作機械の精度に影響を受ける。つまり、【L】にある母性原則に従う。各説明文の中でこれに関わる説明文を選択すればよい。【D】のアッベの法則も機械の構造・機構上の関連項目である。切込みが精度に左右するので、【J】の工具刃先が摩耗すれば実質の切込みが変化してしまうし、【G】にあるように切れ味を良好にすることで切削抵抗を減らし、工具や工作機械の変形を抑えることも必要である。強制加工法は切削加工だけではない。【G】に研削加工の記述があるが、研削加工とは砥粒加工のうち固定砥石である砥石車を回転させて加工する方法で、平面研削、円筒研削でも砥石に一定の切込み量を与えて精度を確保するために、強制加工法に属する。

選択的圧力加工法は、工具あるいは工作物に一定の負荷を与え、押し付けながら相対運動をさせることで、【B】にあるように、加工量（除去量）を加工距離あるいは加工時間で管理する方法である。つまり、接触圧が高い部分が選択されながら除去されることで精度が向上する過程である。【H】に示すように、工具の形状精度や工具保持剛性が保持されていれば、加工精度の確保は比較的容易であることから、【N】のように加工機械もコストは低く、維持管理も容易であるメリットがある。加工スピードは強制加工に比べて遅いが、【K】で述べている理由で仕上げ面粗さなどの確保には優れている。したがって、強制加工の後工程として利用されることがほとんどである。この方法による加工法には、固定砥石を使う超仕上げ【M】、ホーニング【C】、研磨布紙加工や遊離砥粒を利用するラッピング【I】、ポリッシング、バフ研磨などの研磨加工の多くがこれに属する。

4 解答

A	B	C	D	E	F	G	H	I	J
⑥	③	①	⑨	⑦	⑧	⑤	⑩	②	④

解説

密封装置は、機械装置から液体（潤滑油剤など）や気体などの流体が外部に漏れることを防止するとともに、外部から塵埃や水分などが機械内部に侵入することを防ぐために用いられる機械要素である。機械には不可欠なものであるが、たとえば軸受に保持されている潤滑剤（グリース等）の外部流出防止に役立っている。

密封装置は、工業分野では一般的に「シール」と呼んでいる。シールは使用状態によって、回転・往復・揺動などの運動面に使用する「パッキン」と、静止面に使用する「ガスケット」に分けられる。さらにパッキンは運動面に接触する「接触型シール」とわずかな隙間を有する「非接触型シール」とに分類できる。さまざまなシールを上述に沿って分類すれば、以下のようになる。

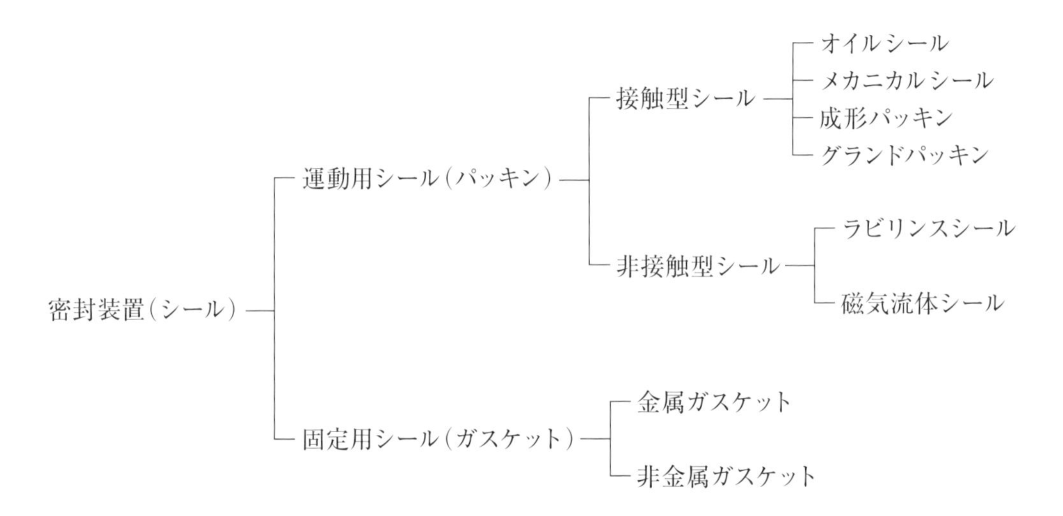

頻繁に利用されている「O リング」は、固定用にも低速運動用にも使用される。ゴム製の O リングは溝にはめて、弾性変形させることで隙間を防ぐ。

このようにシールの種類が多いということは、用途や使用箇所によって適切なシールの使い分けをしなければならないことを示す。各種シールの特性を十分知って本来の性能が達成できるよう配慮しなければならない。

〔6. 環境・安全分野〕

1 解答

A	B	C	D	E	F	G	H	I	J
③	①	④	⑦	⑨	⑩	⑬	⑮	⑯	⑲

解説

（1）2020年10月に当時の菅首相が、2050年でのカーボンニュートラル（地球の気温上昇を抑えるため、温暖化ガスの排出量を実質ゼロにすること）を発表した。IPCCの第6次報告書では、「人間の影響が大気、海洋及び陸域を温暖化させてきたことには疑う余地がない」と述べている。

このため、低炭素から脱炭素への動きが加速され、省エネの強化が求められるようになった。この対策の一つとして、二酸化炭素排出に値段を付けて企業などに削減を促すカーボンプライシングについても検討が始まった。カーボンプライシングには、炭素税や排出量取引があり、市民や企業に二酸化炭素排出のより少ない行動を合理的に選んでもらうための仕組みである。

なお、カーボンフットプリントとは、製品などが原材料の調達から生産、流通を経て最後に廃棄・リサイクルに至るまでのライフサイクル全体を通して排出される温室効果ガスの排出量を二酸化炭素に換算したものである。

（2）陸から海に流出されるマイクロプラスチックの量が世界中で増えており、2050年には海のプラスチックの重量は世界中の魚の重量と同じになるといわれている。世界中で大量のプラスチックが廃棄されており、それらが魚や鳥などの生物に取り込まれ、海洋生物や人間に影響を与えることが心配されている。マイクロプラスチックの影響としては、生物ののどにプラスチックが詰まって窒息したり、胃がプラスチックでいっぱいになり栄養を取れず栄養不足になることによる物理的な影響や、有害化学物質が吸着したプラスチックが体内に入ることによる化学的影響とが考えられる。

マイクロプラスチックは、プラスチックが海の中で波浪や紫外線等の影響により細かくなることで生成される。なお、マイクロプラスチックは、大きさが5 mm以下のものとされている。海水中のマイクロプラスチックの調査では、0.3～5 mm程度の範囲のものを対象としている。

（3）温暖化ガスの排出量を削減するには、温暖化ガスを大量に発生する石油や石炭等の化石燃料から、それらを発生しない太陽光発電や風力発電、地熱発電、バイオマス発電等の再生可能エネルギーに代替していく必要がある。

最近は、石炭火力発電所で石炭の代わりに一部アンモニアを燃焼させて二酸化炭素を減少させることも検討されている。また、水素を燃料にすることも考えられている。アンモニア（NH_3）や水素（H_2）は炭素（C）を含まないため、燃焼しても二酸化炭素（CO_2）を発生しない。

（4）SDGsとは、国連が定めた2015年から2030年にかけての持続可能な開発目標（Sustainable Development Goals）の略である。このアジェンダ（行動計画）は私たち人間と人間が暮らす地球のための行動計画で、この中で出された具体的な目標がSDGsである。SDGsには環境、社会、経済に視点をおいた17のゴール（目標）とそれぞれの下に、より具体的な169のターゲット（達成基準）がある。SDGsが含む内容には、環境だけでなく貧困、福祉、教育、ジェンダー等理想の社会を目指す幅広い内容が含まれている。最近はマスコミでも取り上げられることが多くなってきたが、「誰一人取り残さない」という言葉が有名である。

機械設計に関連する目標としては目標12の「つくる責任　つかう責任」がある。この目標では「持続可能な生産消費形態を確保する」とされており、この中で、「製品ライフサイクルを通じ、環境上適正な化学物質やすべての廃棄物の管理を実現し、人の環境や環境への悪影響を最小化するため、化学物質や廃棄物の大気、水、土壌への放出を大幅に削減する」としている（ターゲット12.4）。設計にあたっては、これらの点に留意する必要がある。

（5）石綿（アスベスト）は、断熱性や耐摩耗性、耐腐食性等に優れた物質で、かつ安価であるため断熱材や建材、自動車のブレーキパッド等に大量に使用されてきた。しかし、石綿の繊維は、肺線維症（じん肺）、悪性中皮腫の原因といわれ、肺がんを起こす可能性がある。石綿による健康被害は、石綿を扱ってから発症までの潜伏期間が長いという特徴がある。たとえば、中皮腫は平均35年前後という長い潜伏期間の後に発病することが多い。

2006年（平成18年）に全面的に製造・使用等が禁止されたが、過去に建材等で多く使われているため、今後解体される建物には石綿が使われているものが多くあると考えられ、建物解体時には石綿が飛散しないよう注意が必要である。

2 解答

A	B	C	D	E	F	G	H	I	J
⑨	③	⑩	⑥	⑤	⑦	④	⑧	①	②

解説

機械の安全設計を進めるためには、まず安全とリスクの意味をよく理解することが大切である。安全とは、リスクを受忍可能な（許容できる）レベルまで低減することであり、受忍可能なリスクは残っていることになる。

また、リスクとは「危険源によって生ずるおそれのある負傷または疾病の重篤度及び発生に関する可能性の度合い」（厚生労働省のリスクアセスメント指針）と定義されている。リスクは、一般に以下の式で表される。

リスク　＝　危害の発生確率　×　危害の程度

つまり、危害の程度は大きくても発生確率がほとんどなければリスクは小さいが、危害の程度は小さくとも、発生確率が大きければ、リスクは大きくなる可能性があるということを知っておく必要がある。

機械安全とは、機械が壊れても、人が操作を誤っても、技術によって安全を確立する考え方であり、設計者による方策と使用者による方策がある。

・設計者による方策

設計、製造、改造等を行うとき、リスクアセスメントを実施し、危険性を漏れなく予測し、予防策（安全方策）を検討、実施する。

・使用者による方策

設計者では予見できない、設置して初めて発生するリスクもあるため、使用者の視点でのリスクアセスメントに基づく安全方策が重要である。

いずれにせよ、リスクアセスメントが重要であり、その結果リスクが大きすぎて受忍可能（許容可能）といえない場合は、リスク低減方策を実施する必要がある。これには次の3ステップメソッドがある。

① 本質安全設計

設計する時点で本質的に機械が安全になるように設計する。本質安全設計の基本は、リスク（危険源、危害の発生確率）を洗い出し、危険源の除去、危害のひどさの低減、危害の発生確率の低減を考えることである。

② 安全保護方策

設計だけではリスクをゼロにできない場合があるため、安全保護方策によりできるだけリスクを除く。安全装置や防護装置をつけることである。

③ 使用上の情報

リスクは、いくら下げてもゼロにはならず、残留リスクと呼ばれるリスクが残る。これについては、警告表示や取扱説明書への記載などで知らせることになる。

令和３年度　２級　試験問題Ⅲ　解答・解説

（7．応用・総合）

〔7．応用・総合〕

7－1　解答・解説

①

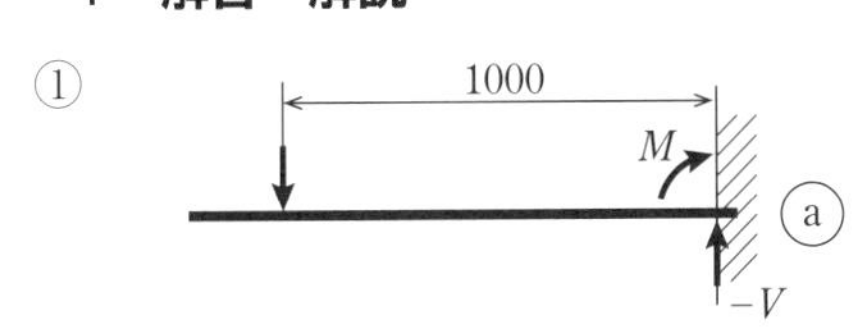

$V = -2.5\ \text{kN}$

$M = 2.5 \times 1000 = 2500\ \text{kN·mm}$

②

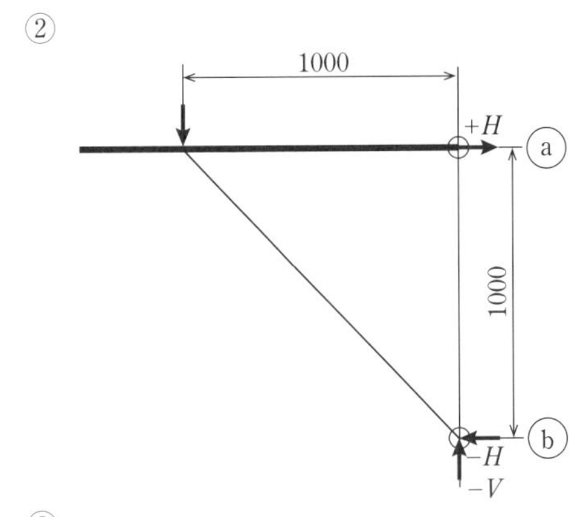

ⓐ $H = +2.5\ \text{kN}$

ⓑ $H = -2.5\ \text{kN}$

$V = -2.5\ \text{kN}$

③

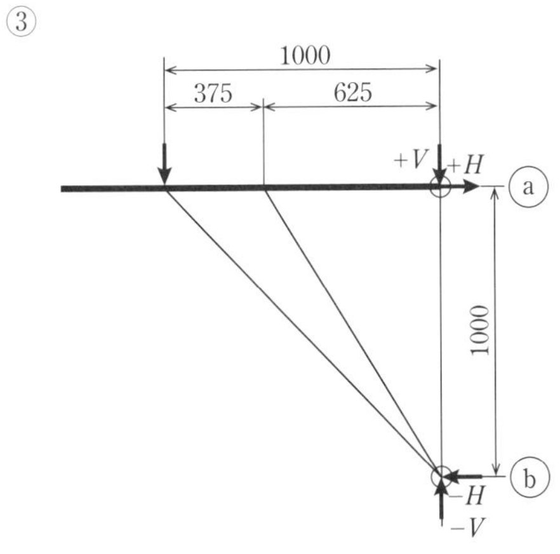

ⓐ $V = +\dfrac{2.5 \times 375}{625} = +1.5\ \text{kN}$

$H = +2.5\ \text{kN}$

ⓑ $V = -(2.5 + 1.5) = -4\ \text{kN}$

$H = -2.5\ \text{kN}$

④

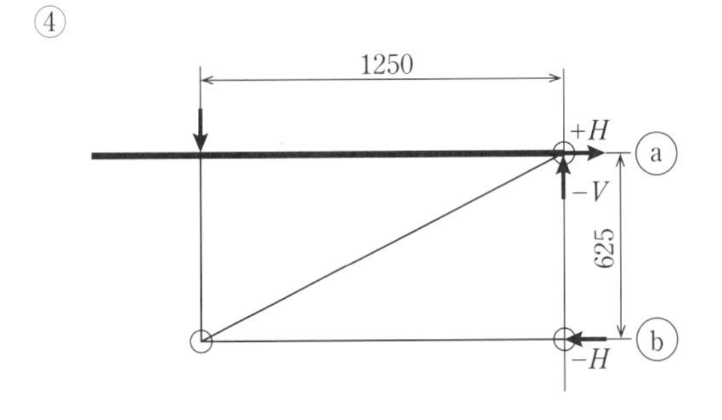

ⓐ $V = -2.5\ \text{kN}$

$H = +\dfrac{2.5 \times 1250}{625} = +5\ \text{kN}$

ⓑ $H = -5\ \text{kN}$

２級　解答・解説

【参考】 反力を図解する（太線は力の流れ）

②

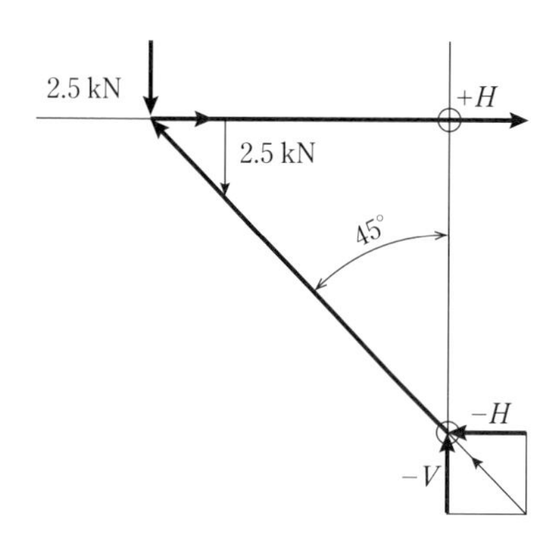

③

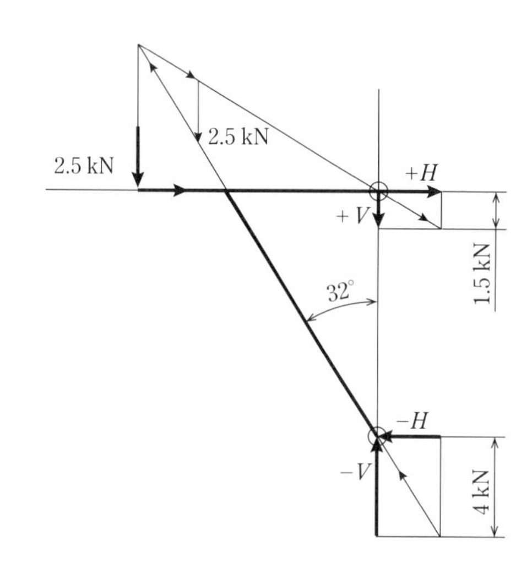

④

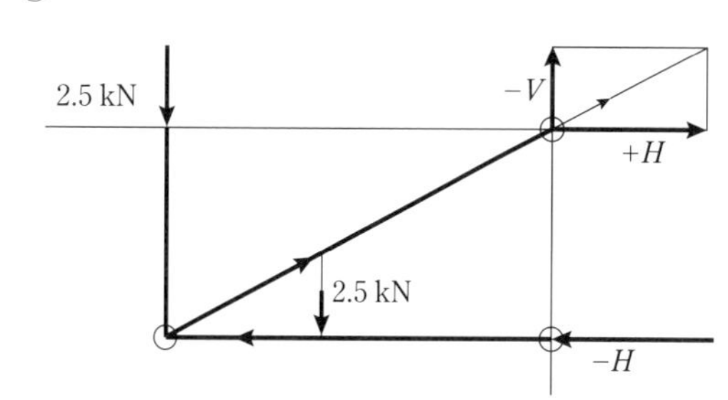

7－2 解答・解説

（1） プーリに加わる負荷トルク

$$T = \left(40 \times 9.8 \times 6 \times \frac{0.265}{2}\right) \times 0.12 = 37.4\ \mathrm{N \cdot m}$$

答 37.4 N・m

（2） チェーン張力

$$P = \frac{37.4}{\dfrac{0.146}{2}} = 512\ \mathrm{N}$$

答 512 N

（3） 駆動プーリ速度

$$N_1 = \frac{50}{0.265 \times \pi} = 60\ \mathrm{min}^{-1}$$

モータ速度

$$N_2 = \frac{120 \times \mathrm{Hz}}{\mathrm{p}} = \frac{120 \times 50}{4} = 1500\ \mathrm{min}^{-1}$$

減速比

$$i = \frac{N_1}{N_2} = \frac{60}{1500} = \frac{1}{25}$$

答 プーリ $60\ \mathrm{min}^{-1}$

モータ $1500\ \mathrm{min}^{-1}$

減速比 $i = \dfrac{1}{25}$

（4） モータ動力（トルクから）

$$L = \frac{TN}{(60/2\pi)\,\eta} = \frac{37.4 \times 60}{9.55 \times 0.8} = 294\ \mathrm{W}$$

［ベット張力から、$P = 40 \times 9.8 \times 6 \times 0.12 = 282\ \mathrm{N}$

$$L = \frac{Pv}{60\,\eta} = \frac{282 \times 50}{60 \times 0.8} = 294\ \mathrm{W}$$ ］

答 294 W

2級 解答・解説

7－3　解答・解説

（1）　シリンダに加わる最大荷重

$$P = \frac{(50 \times 3) + (150 \times 1.7)}{1.0 \times \sin 45^\circ} \times 9.8 = 5613\ \mathrm{N}$$

シリンダ径（負荷率 50%）

$$D = \sqrt{\frac{4 \times 5613}{\pi \times 0.5 \times 0.5}} = 169\ \mathrm{mm}$$

答　シリンダに加わる荷重　5613 N
　　シリンダ径　ϕ180

（2）　ビームに加わる曲げモーメント

$$M = \{50 \times 2000 + 150\,(1900 - 1200)\} \times 9.8$$

$$= \{100000 + 105060\} \times 9.8 = 2009000\ \mathrm{N \cdot cm}$$

ビームに加わる軸力

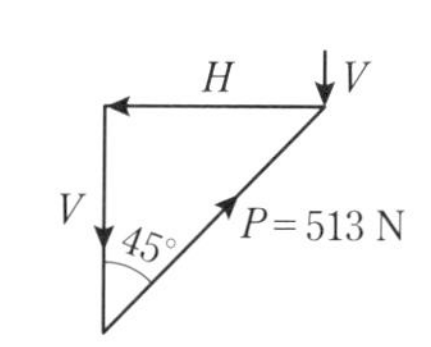

$$V = \frac{50 \times 3 + 150 \times 1.7}{1} \times 9.8 = 3969\ \mathrm{N}$$

$$V = H = 3969\ \mathrm{N} \qquad (H = P/\sqrt{2})$$

答　曲げモーメント　200900 N・cm
　　軸力　3969 N

（3）　取付面の圧縮力

$$V = (50 \times 400 + 150) \times 9.8 = 5880\ \mathrm{N}$$

取付面のモーメント

$$M = (50 \times 3200 + 150 \times 1900) \times 9.8$$

$$= 4361000\ \mathrm{N \cdot mm} = 436100\ \mathrm{N \cdot cm}$$

答　圧縮力　5880 N
　　モーメント　436100 N・cm

（4）　取付ボルトの引張り荷重

$$P = \frac{4361000}{(300 + 30) \times 2} - \frac{5880}{4}$$

$$= 6608 - 1470 = 5138\ \mathrm{N}$$

答　ボルトに加わる引張り荷重　5138 N

令和３年度

機械設計技術者試験
１級　試験問題 Ⅰ

第１時限（130分）

1. 設計管理関連課題
2. 機械設計基礎課題
3. 環境経営関連課題

令和３年11月21日実施

〔1. 設計管理関連課題〕

1－1 「VEの5原則」に関して述べた次の文章の空欄を埋めるのに、最も適切な語句を、〔語句群〕の中から選び、その番号を解答用紙の解答欄に記入せよ。(重複使用不可)

VEは多くの企業に導入され活用されている。日本の産業は、QC（品質管理）活動に支えられたマスプロダクションという生産技術によって武装され、VEという戦略戦術を活用して成果を挙げている、といっても過言ではない。

VEは次のように定義されている。“VEとは、［A］で、必要な機能を確実に達成するため、組織的に、製品またはサービスの、機能の研究を行なう方法である。” 優れたVE成果を収めるためには、VEの特徴を端的に述べた次の5原則を遵守することが必須条件である。

①使用者優先の原則

②機能本位の原則

③創造による変更の原則

④チームデザインの原則

⑤価値向上の原則

VE基本原則（VE5原則）とは、VEの考え方、方法論を活用するに当たり、その基盤をなしている普遍の思考を体系化したものである。

まずは「使用者優先の原則」である。企業は、製品やサービスを社会に提供しているが、これは何のためか。それは使用者に使ってもらうためである。“使用者は何を要求しているのか、何を欲しいと思っているのか” を正しく掴み、それを十分満足するものを提供するということである。VEは常に使用者の立場に立って考え、使用者の満足を願って活動する。これが使用者優先の原則である。ライフサイクルが短くなり、使用者の価値観が多様化してきた変化の激しい時代には、この原則は［B］を生み出す大きな力となる。

次は「機能本位の原則」である。使用者が欲しいのは物そのものではない。使用者は物の果たす働き、つまり機能が欲しいのである。使用者の［C］は機能によって表現される。物事を本質的に考えるということは、目的・機能を明確にすることから始めるということである。目的から考えれば、それを果たす方法は多様であり、使用者に喜ばれるもっとよいものを生み出すことができるのである。これが機能本位の原則である。

3番目は「創造による変更の原則」である。機能本位に考えるならば現状のものは、その機能を実現する数々の方法の中から仮に選ばれた一つの方法に過ぎないことが理解できるであろう。ニーズを満足するものを見出すことは、これこそ創造的な活動そのものである。現状にとらわれず “もっと良い方法は必ずある” との強い信念に燃えて活動しなければならない最も人間的な活動である。これが第三の創造による変更の原則である。

4番目が「チームデザインの原則」。企業規模の拡大と［D］によるシステム化・デジタル化・高級化・高速化などの発展は、技術の領域の拡大と高度化をもたらした。また境界領域の技術の発展と基礎技術の重要性の増大は、技術管理の効率化の要請と相まって、技術交流、技術移転および技術の総合化などを強く要請されるに至った。このような技術の複雑化・高度化は、設計を個人の知的作業の範囲を超えたものとし、企業の持つ知識と経験を組織的に投入し、集団思考による設計に移行することを必要とする。それはどうすれば最も個人的な知的作業である設計を集団思考で進めることができるのか。製品設計段階で［ E ］、資材購入、品質管理上の問題ばかりでなく、実際に現地で使用される場合の操作性や保全性も考慮される。これらの問題をそれぞれの部門が別々に［ F ］に解決する方法では、設計期間や開発期間の長期化を避けることは困難であろう。それぞれの部門の［ G ］が、強力なプロジェクト・マネージャのもとで、一つの目標に向かって統合されれば、その効果は絶大である。VE はまさにそれに応えるものなのである。いわゆる［ H ］である。これが第四のチームデザインの原則である。

そして5番目が「価値向上の原則」。VE は価値ある製品やサービスを生み出し、使用者に高い満足を得てもらおうという考え方に基づいている。VE では満足の度合い、つまり価値（＝V）を次のように表す。

V＝［ I ］（F：Function 機能、C：Cost コスト）

つまり VE では、いかにして価値 V を高めるかを追求するのである。これは単にコストや機能のみを考えるのではなく、F と C を複眼的にとらえ価値 V をいかに向上させるかを考えるのである。これが第五の価値向上の原則である。

VE 5原則について述べたが、VE は非常に大きな可能性を持ち、ニーズを満足する目的・機能を明確にし、実現する最良の方式を見出し、創造するという総合型つまり［ J ］である。VE 導入の改善実績は産業界の注目するところとなり、あらゆる分野に VE は浸透しつつある。

1級問題Ⅰ

〔語句群〕

①要求ニーズ	②シーケンシャル	③技術革新	④コラボレーション
⑤F／C	⑥C／F	⑦異質の専門家	⑧デザインレビュー
⑨最低のコスト	⑩パラレル	⑪設計型の技法	⑫分析型の技法
⑬競争優位	⑭製造プロセス		

1－2　COVID-19の感染の影響は日本経済に重くのしかかっている。飲食業、旅行業、宿泊業などのサービス産業の状況や支援については報道によって多く伝えられているが、製造業については国民には見えにくい。地震、火災、水害などの災害に関しては、今までも生産復旧対策など経験をしてきたが、今回のような目に見えないウィルス災害については経験が浅いと言える。コロナ下における製品設計、製造に関し、以下の設問に設計者としての考えを述べよ。

（1）ウィルス感染による製造業へ与える影響を述べよ。

（2）これらに対する設計を含めた生産業務への予防対策は如何にすべきか考えを述べよ。

〔2．機械設計基礎課題〕

2－1　下図の段付軸において、ねじりモーメント T が作用している場合の段付コーナー部フィレットの曲率半径による応力集中を考慮した軸径 d_2 の最大せん断応力 τ_{max}〔MPa〕を求めよ。

ただし、ねじりモーメント T により生じる軸径 d_1 の外径におけるせん断応力を 10 MPa とする。コーナー部フィレットの応力集中係数は、下記のグラフより読み取って求める。

なお、応力集中係数のグラフは、軸径 d_2 の軸のせん断応力に対する値であることに注意する。

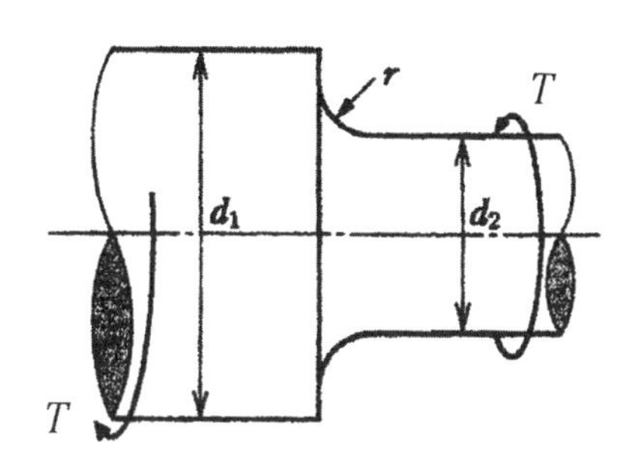

〈左図の仕様〉

d_1：500 mm

d_2：250 mm

r：22.5 mm

段付部の形状とフィレットの曲率半径 r

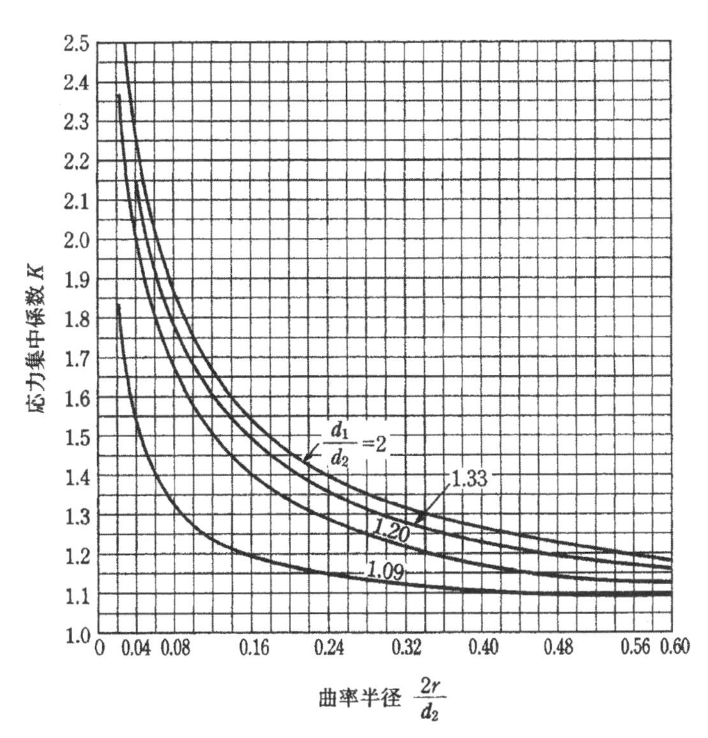

段付部の曲率半径 r に対するせん断応力の応力集中係数

2－2　下図に示すように、矢印の方向に回転するベルトプーリ（ヘッド側）に巻き付けたベルトにより動力を伝えるとき、ベルトのゆるみ側の張力 T_1［N］と張り側の張力 T_2［N］および伝達力 P［W］との間には次の関係がある。

$$\frac{T_2 - w \cdot v^2}{T_1 - w \cdot v^2} = e^{\mu\theta} \quad \cdots\cdots①$$

$$P = (T_2 - T_1) \times v \quad \cdots\cdots②$$

ここで

θ：ベルトとベルトプーリとの接触角（巻き付け角）rad

μ：ベルトとベルトプーリとの間の摩擦係数

v：ベルトの速度 m/s

w：ベルトの単位長さの質量 kg/m

g：重力加速度＝9.8 m/s^2

e：自然対数の底＝2.71828

このときの下記の設問（１）～（３）に答えよ。

解答は、解答用紙の解答欄に計算過程を明記して記述せよ。

設問：

（１）　ベルトの許容張力 F＝294 N，θ＝2.1 rad，μ＝0.3，v＝10 m/s，w＝0.2 kg/m である場合、このベルトプーリに許容できる伝達動力 P［kW］を求めよ。

必要に応じて、与えられた指数関数表を利用せよ。

指数関数表

x	e^x
0.60	1.82212
0.61	1.84043
0.62	1.85893
0.63	1.87761
0.64	1.89648

（２）　設問（１）において、ベルトプーリの外径 D＝0.4 m である場合、このベルトプーリに作用している駆動トルク T_D［N·m］を求めよ。

（３）　D，F，θ，μ，w の値は、すべて設問（１），（２）と同じであるが、ベルト速度 v が変化する場合において、ベルト速度 v と伝達可能な動力 P との関係を考慮し、伝達可能な動力が最大になるベルト速度 v_1［m/s］を求めよ。

また、そのベルト速度における最大伝達可能動力 P_{max}［kW］を求めよ。

2－3　図のような配管に水が流れている。静圧管と全圧管の水柱の示差が 100 mm の時の管内の流速 v [m/s] を求めよ。

ただし、ピトー管の係数を 1.0 とする。

解答は、解答用紙の解答欄に計算過程を含めて記述せよ。

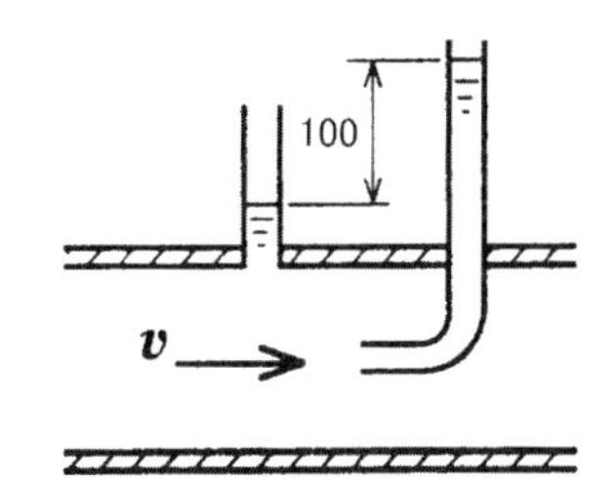

参考として、次式の「ベルヌーイの定理」を示す。

$$\frac{\rho v_1^2}{2}+p_1+\rho g z_1=\frac{\rho v_2^2}{2}+p_2+\rho g z_2$$

《記号の説明》

ρ：密度　　kg/m^3

v：流速　　m/s

p：流体の圧力　　Pa

g：重力加速度　　9.8 m/s^2

z：高さ　　m

〔3．環境経営関連課題〕

2020年に政府は2050年までに温室効果ガス排出量を実質ゼロ（カーボンニュートラル）にするという目標を発表した。これに伴い、2030年までに、温室効果ガス排出量をこれまでの2013年度対比26%削減するという目標から、46%削減へと目標を大幅に引き上げた。

図1は2019年度のわが国の温室効果ガス排出量である。2019年においてもまだ12億トン以上の温室効果ガス（CO_2換算）が排出されている。2030年に46%削減するためには、今後9年間の間に4.5億トン温室効果ガスを減らす必要がある。

今後わが国が温室効果ガス排出量の削減目標を達成するためには、どのような課題があり、それに対し考えられる対策にどのようなものがあるか、機械設計におけるものも含め、あなたの考えを解答用紙1枚以内に記述せよ。

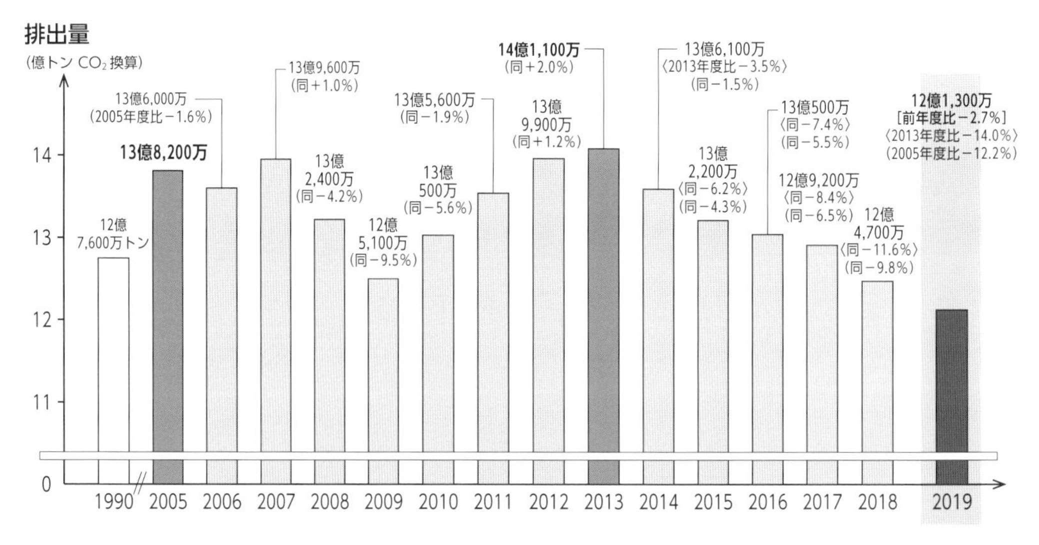

注1　2019年度速報値の算定に用いた各種統計等の年報値について、速報値の算定時点で2019年度の値が未公表のものは2018年度の値を代用している。また、一部の算定方法については、より正確に排出量を算定できるよう同確報値に向けた見直しを行っている。このため、今回とりまとめた2019年度速報値と、2021年4月に公表予定の2019年度確報値との間で差異が生じる可能性がある。なお、確報値では、森林等による吸収量についても算定、公表する予定である。

注2　各年度の排出量及び過年度からの増減割合（「2013年度比」）等には、京都議定書に基づく吸収源活動による吸収量は加味していない。

図1　わが国の温室効果ガス排出量（2019年度速報値）

（出典：2019年度（令和元年度）の温室効果ガス排出量（速報値）について、環境省）

令和３年度

機械設計技術者試験
１級　試験問題 Ⅱ

第２時限（120分）

4. 実　技　課　題

〔４－１〕〔４－２〕〔４－３〕〔４－４〕〔４－５〕

- ５問中３問を選択して解答すること。
- 解答用紙の１ページ目には、選択した問題を必ずマークすること（マークのない解答は採点されません）。
- 実用機械についての重点を絞った出題

令和３年11月21日実施

〔4．実技課題〕

〔4－1〕 下図は曲げダイにクランプされたワーク端子を押し曲げる装置である。

モータとボールねじ駆動にて曲げパンチを下降させて、ワーク端子を曲げる機構である。

各設問に示された【使用条件】、《参考計算式》および【添付資料】等を参考にして、下記の設問（1），（2）に答えよ。

解答は、解答用紙の解答欄に計算過程を含めて記述せよ。

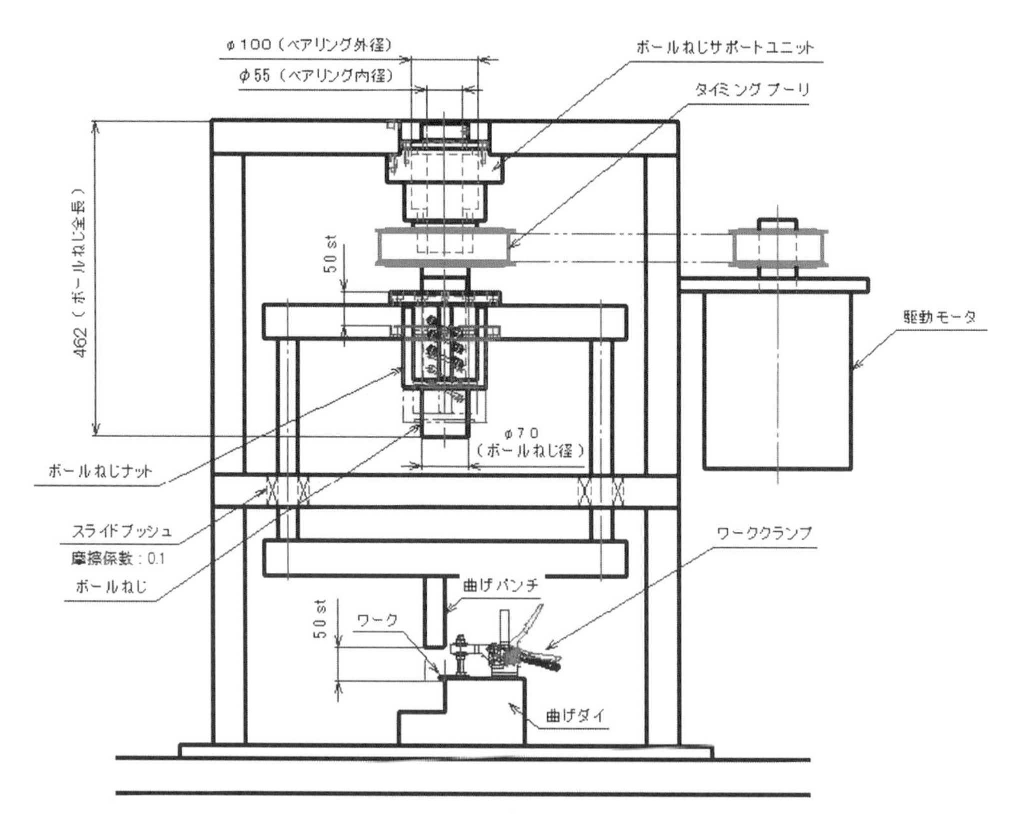

図1　構想図

設問：

（1） 下記使用条件で、選定ボールねじの寿命時間 L_{h1} ［h］を求めよ。

ただし、荷重は、衝撃がないものとする。

【使用条件】

ワーク曲げ荷重……………………………………………… 26460 N

無負荷時の抵抗（スライドブシュ摩擦係数を含む）…… 196 N

速度（V）………………………………………………… 50 mm/s

ストローク………………………………………………… 50 mm

荷重係数（f_w）………………………………………… 1.2

【選定ボールねじ仕様】

ねじ外径…………………………………………………… 70 mm

リード……………………………………………………… 10 mm

基本動定格荷重「ボールねじナット」（C_a）………………… 94900 N

《ボールねじの寿命時間の参考計算式》

$$L_h = \frac{10^6}{60n} \times \left(\frac{C_a}{f_w \times F_a} \right)^3$$

〈記号の説明〉

L_h：寿命時間　h

n：毎分回転速度　min^{-1}

C_a：基本動定格荷重　N

F_a：軸方向荷重　N

f_w：荷重係数

設問：

（2）　下記使用条件において、上昇・下降時にアンギュラ軸受に作用する動等価荷重を求め、添付資料を参照の上、サポートユニットの稼働時間寿命が1.5年以上となるようにアンギュラ玉軸受の列数および配列を決定し、寿命時間 L_{h2}［h］を求めよ。

ただし、（ⅰ）　荷重は、衝撃のないものとする。

（ⅱ）　下記【使用条件】以外の荷重条件は、設問（1）に準ずる。

（ⅲ）　アンギュラ玉軸受の列数および配列は、添付資料〔図3〕の軸受の配列①～⑦より選択のこと。

【使用条件】

ラジアル荷重（F_r）……………………………… 400 N

ラジアル荷重係数（X）………………………… 0.92

アキシアル荷重係数（Y）……………………… 1

接触シール型を使用

装置可動時間…………………………………… 400 h/月

《参考計算式》

（メーカーのカタログより抜粋）

転がり疲れ寿命

転がり軸受の基本定格荷重、軸受荷重と基本定格寿命の間には、次のような関係がある。

$$L_h = \frac{10^6}{60n} \left(\frac{C_a}{P} \right)^3$$

ここで：L_h：基本定格寿命 h

C_a：基本動定格荷重 N

P：動等価荷重 N

n：回転速度 min^{-1}

なお、各組合せでの動等価荷重は右表により求められます。

表1　動等価荷重　$P = X \cdot F_r + Y \cdot F_a$

組合せ列数		2列		3列			4列		
組合せ記号		DF	DT	DFD		DTD	DFT	DFF	DFT
アキシアル荷重を受ける列数 $e = 2.17$		1列	2列	1列	2列	3列	1列	2列	3列
$F_a/F_r \leqq e$	X	1.9	－	1.43	2.33	－	1.17	1.9	2.53
	Y	0.55	－	0.77	0.35	－	0.89	0.55	0.26
$F_a/F_r > e$	X	0.92	0.92	0.92	0.92	0.92	0.92	0.92	0.92
	Y	1	1	1	1	1	1	1	1

【添付資料】

（メーカーのカタログより抜粋）

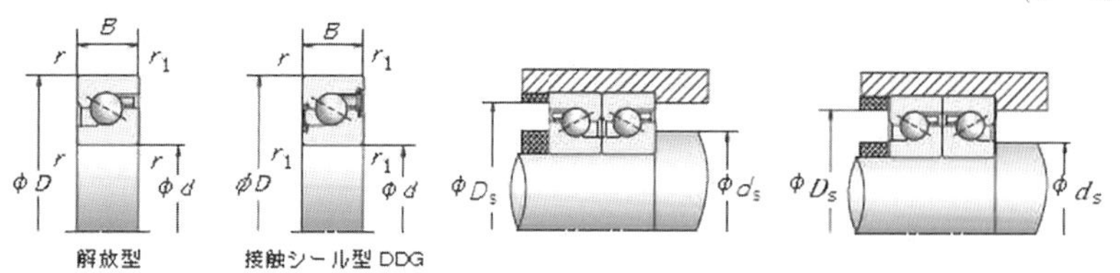

図２　軸受の仕様、寸法

※この「図２　軸受の仕様、寸法」の数値は、表２を参照

表２（接触シール型）

呼び番号	主要寸法 [mm]					取付関係寸法 [mm]				接触角 [度]	許容回転数 [min^{-1}]	質量 [kg]（参考）
	d	D	B	r 最小	r_1 最小	D_s 最大	d_s 最小	D_s 最大	d_s 最小		グリース潤滑	
45TAC100CDDG	45	100	20	1	0.6	93	54	92	54	60	3000	0.842
50TAC100CDDG	50	100	20	1	0.6	92	59	91	59	60	3000	0.778
55TAC100CDDG	55	100	20	1	0.6	92	63	91	63	60	3000	0.714

表２（接触シール型）続き

呼び番号	基本動定格荷重 C_a（F_a 負荷列数区分による）			限界アキシアル荷重（F_a 負荷列数区分による）		
	１列 [kN]	２列 [kN]	３列 [kN]	１列 [kN]	２列 [kN]	３列 [kN]
45TAC100CDDG	64.5	105	140	99.0	198	299
50TAC100CDDG	66.0	107	142	104	208	310
55TAC100CDDG	66.0	107	142	104	208	310

下降時荷重方向

① ２列（１対１）

② ２列（２対０）

下降時荷重方向

③ ３列（２対１）

④ ３列（３対０）

下降時荷重方向

⑤ ４列（２対２）

⑥ ４列（３対１）

下降時荷重方向

⑦ ４列（１対３）

図３　軸受の配列

〔4－2〕 下図は、モータ駆動によりターンテーブルBを回転させ、ターンテーブルBに取り付けられたローラを介して、ターンテーブルAを倍速で回転させる装置である。ターンテーブルAには、4個のワークが円周上に90°の間隔で等分に配置されている。

この装置における下記の設問（1），（2）に答えよ。

解答は、解答用紙の解答欄に計算過程を含めて記述せよ。

寸法単位：mm

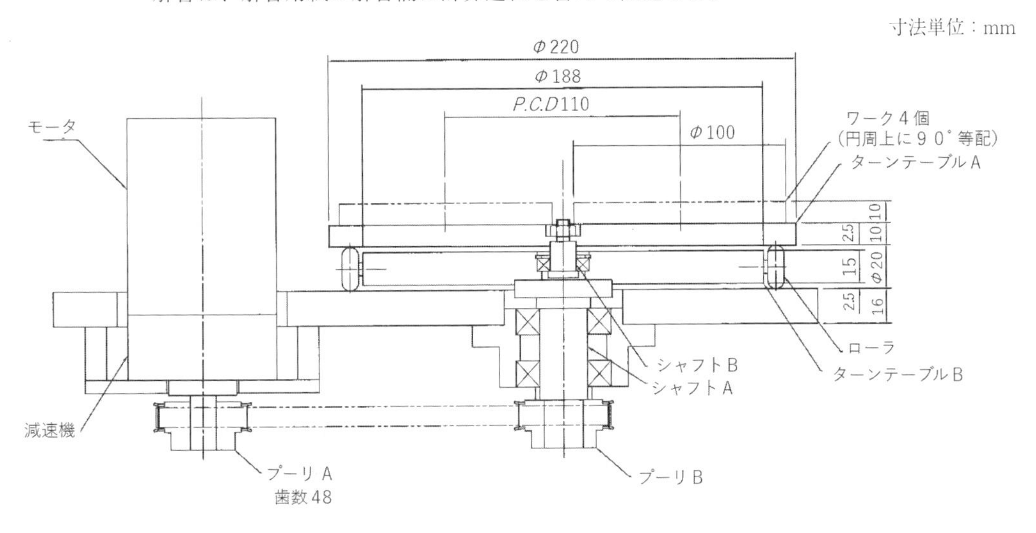

慣性モーメントの算出方法

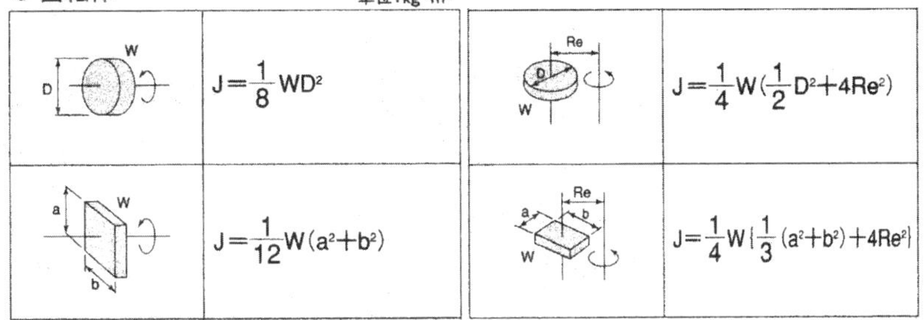

単位：kg・m²

	$J=\frac{1}{8}WD^2$		$J=\frac{1}{4}W(\frac{1}{2}D^2+4Re^2)$
	$J=\frac{1}{12}W(a^2+b^2)$		$J=\frac{1}{4}W\{\frac{1}{3}(a^2+b^2)+4Re^2\}$

仕様 1. ターンテーブルA：直径220 mm、質量：3.0 kg

2. ターンテーブルB：直径188 mm、質量：3.3 kg

3. ワーク　4個：直径100 mm、質量：0.2 kg/個

4. モータ定格回転速度：20 sec^{-1}、減速比：1/30

ローターの慣性モーメント：$J_m=40\times10^{-7}$ kg·m²

減速機の慣性モーメント：$J_G=20\times10^{-7}$ kg·m² とする。

5. プーリAの歯数：48枚

1級 問題Ⅱ

設問

（1） ターンテーブルAを1 sec^{-1}で回転させるには、プーリBの歯数をいくらにすればよいか。その歯数を求めよ。

ただし、テーブルとローラとの間の滑りは無いものとする。

（2）ターンテーブルAを停止状態から0.1秒で1 sec^{-1}にするのに必要なモータトルク T［N·m］を求めよ。

ただし、シャフトA/B、プーリA/B、ベルト、ローラ、ベアリングの慣性モーメントは無視する。

〔4－3〕 下図はコンベヤによる搬送装置である。

条件 ワーク質量 M＝60kg/個

ワーク搬送ピッチ≒700mm

駆動プーリ径 D＝200mm

スプロケット X＝NO.60、12T（pcd 79.6）

Y＝ 24T（145.95）

搬送速度 v＝21m/min

電源、電動機 50Hz AC220V 4P

全機械効率 η＝0.8

下記の設問（1）～（5）に答えよ。

（1） 1分間のワークの搬送数を求めよ。

（2） 図示のように、ワークが斜面に3個、水平に1個がある状態で搬送するときのベルト張力及び駆動プーリ軸に加わる負荷トルクを求めよ。

ただし、搬送摩擦係数 μ＝0.12とし、他は考慮しなくてよい。

（3） チェーンに加わる張力を求めよ。

（4） 軸受A，D点に加わる最大荷重を求めよ。

（5） 軸B点に加わる合成モーメントの大きさを求めよ。

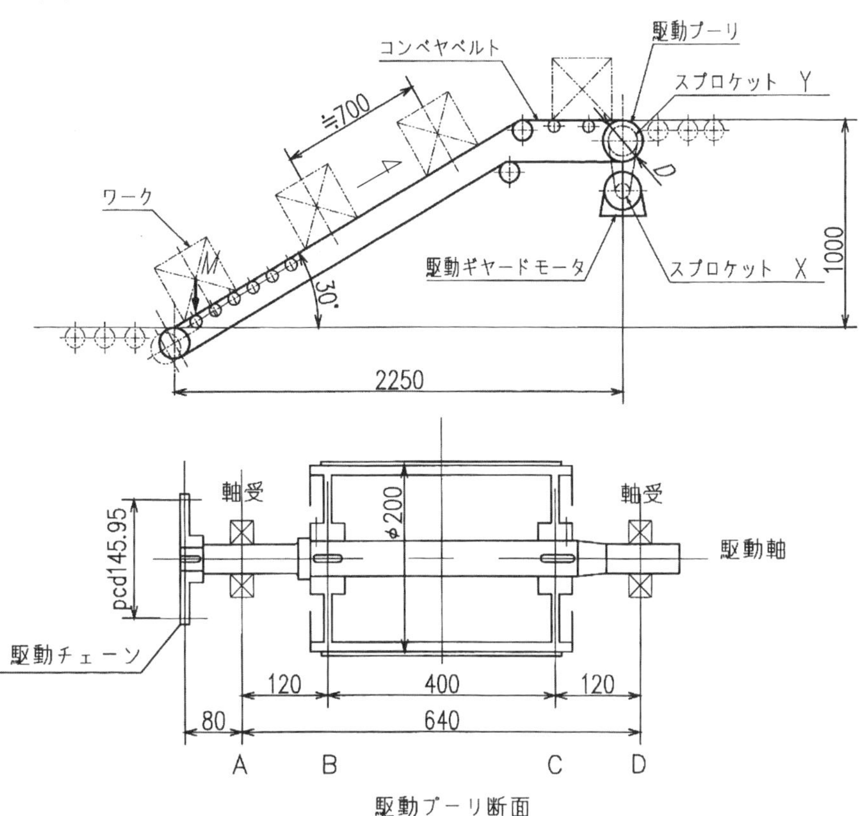

駆動プーリ断面

〔4－4〕 騒音に関する下記の（1）～（3）の問に答えよ。(常用対数表は別紙参照)

（1） 空気圧縮機（地上0.5mのA点音源）の周波数（f）500Hz、音圧レベルが90dBのとき、A点音源から10m離れたところでは音圧レベルは何dBか求めよ。

なお、無風で途中には障害物は無いものとする。

（2） 高速道路において図のような30度の忍び返しのついた障壁を取付けた。

Pは自動車騒音で線音源とし500Hzの音を出している。受音点Sまでの障壁の回折減衰は約何dBになるか下記のグラフから求めよ。

ただし、地表面による音の反射、干渉及び空気吸収はないものとする。

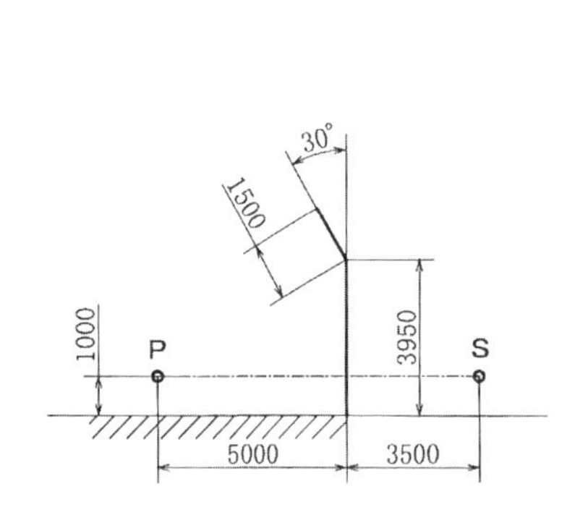

グラフ上の直線（a）は無指向性の点音源に対する無限長障壁、（b）は無限線音源に対する無限長障壁の減音量を求めるものである。

自由空間の反無限障壁による減衰量（原音量）のグラフ

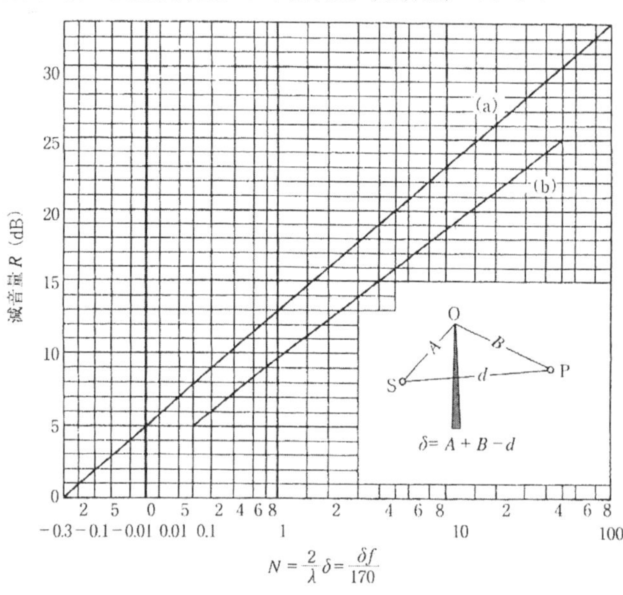

$N = \frac{2}{\lambda}\delta = \frac{\delta f}{170}$

（注） λ：波長（m），δ：経路差，f：周波数（Hz），Nの正負：SとPが見通せないとき正，塀が低くSとPが見通せる場合は負の値をとる。$N < -0.3$の場合は減音量0とする。

（3） 鋼板t4.5で製作された室4m×3m×高さ2m×の内面（側面、天井）に、吸音率$\alpha = 0.6$の内装がある室内に、周波数（f）500Hz、パワーレベル$Lw = 90$dBの騒音源がある。防音カバーの透過損失の式は　$TL = 18\log(mf) - 44$［dB］

次の値を求めよ。

1） 室内吸音力　A　［m²］

2） 室定数　　Rc［m²］$= \alpha S / (1 - \alpha)$

3） 室内で平均的に観測される音圧レベル　Lr［dB］

$$Lr = Lw + 10\log\{4 / (\alpha S)\}$$

4） 透過損失　TL［dB］

常用対数表（1）

（表中の数値は小数を表す）　　1.00 ～ 5.49

	0	1	2	3	4	5	6	7	8	9
1.0	000	004	009	013	017	021	025	029	033	037
1.1	041	045	049	053	057	061	064	068	072	076
1.2	079	083	086	090	093	097	100	104	107	111
1.3	114	117	121	124	127	130	134	137	140	143
1.4	146	149	152	155	158	161	164	167	170	173
1.5	176	179	182	185	188	190	193	196	199	201
1.6	204	207	210	212	215	217	220	223	225	228
1.7	230	233	236	238	241	243	246	248	250	253
1.8	255	258	260	262	265	267	270	272	274	276
1.9	279	281	283	286	288	290	292	294	297	299
2.0	301	303	305	307	310	312	314	316	318	320
2.1	322	324	326	328	330	332	334	336	338	340
2.2	342	344	346	348	350	352	354	356	358	360
2.3	362	364	365	367	369	371	373	375	377	378
2.4	380	382	384	386	387	389	391	393	394	396
2.5	398	400	401	403	405	407	408	410	412	413
2.6	415	417	418	420	422	423	425	427	428	430
2.7	431	433	435	436	438	439	441	442	444	446
2.8	447	449	450	452	453	455	456	458	459	461
2.9	462	464	465	467	468	470	471	473	474	476
3.0	477	479	480	481	483	484	486	487	489	490
3.1	491	493	494	496	497	498	500	501	502	504
3.2	505	507	508	509	511	512	513	515	516	517
3.3	519	520	521	522	524	525	526	528	529	530
3.4	531	533	534	535	537	538	539	540	542	543
3.5	544	545	547	548	549	550	551	553	554	555
3.6	556	558	559	560	561	562	563	565	566	567
3.7	568	569	571	572	573	574	575	576	577	579
3.8	580	581	582	583	584	585	587	588	589	590
3.9	591	592	593	594	595	597	598	599	600	601
4.0	602	603	604	605	606	607	609	610	611	612
4.1	613	614	615	616	617	618	619	620	621	622
4.2	623	624	625	626	627	628	629	630	631	632
4.3	633	634	635	636	637	638	639	640	641	642
4.4	643	644	645	646	647	648	649	650	651	652
4.5	653	654	655	656	657	658	659	660	661	662
4.6	663	664	665	666	667	667	668	669	670	671
4.7	672	673	674	675	676	677	678	679	679	680
4.8	681	682	683	684	685	686	687	688	688	689
4.9	690	691	692	693	694	695	695	696	697	698
5.0	699	700	701	702	702	703	704	705	706	707
5.1	708	708	709	710	711	712	713	713	714	715
5.2	716	717	718	719	719	720	721	722	723	723
5.3	724	725	726	727	728	728	729	730	731	732
5.4	732	733	734	735	736	736	737	738	739	740

常用対数表（2）

（表中の数値は小数を表す）　　5.50 ～ 9.99

	0	1	2	3	4	5	6	7	8	9
5.5	740	741	742	743	744	744	745	746	747	747
5.6	748	749	750	751	751	752	753	754	754	755
5.7	756	757	757	758	759	760	760	761	762	763
5.8	763	764	765	766	766	767	768	769	769	770
5.9	771	772	772	773	774	775	775	776	777	777
6.0	778	779	780	780	781	782	782	783	784	785
6.1	785	786	787	787	788	789	790	790	791	792
6.2	792	793	794	794	795	796	797	797	798	799
6.3	799	800	801	801	802	803	803	804	805	806
6.4	806	807	808	808	809	810	810	811	812	812
6.5	813	814	814	815	816	816	817	818	818	819
6.6	820	820	821	822	822	823	823	824	825	825
6.7	826	827	827	828	829	829	830	831	831	832
6.8	833	833	834	834	835	836	836	837	838	838
6.9	839	839	840	841	841	842	843	843	844	844
7.0	845	846	846	847	848	848	849	849	850	851
7.1	851	852	852	853	854	854	855	856	856	857
7.2	857	858	859	859	860	860	861	862	862	863
7.3	863	864	865	865	866	866	867	867	868	869
7.4	869	870	870	871	872	872	873	873	874	874
7.5	875	876	876	877	877	878	879	879	880	880
7.6	881	881	882	883	883	884	884	885	885	886
7.7	886	887	888	888	889	889	890	890	891	892
7.8	892	893	893	894	894	895	895	896	897	897
7.9	898	898	899	899	900	900	901	901	902	903
8.0	903	904	904	905	905	906	906	907	907	908
8.1	908	909	910	910	911	911	912	912	913	913
8.2	914	914	915	915	916	916	917	918	918	919
8.3	919	920	920	921	921	922	922	923	923	924
8.4	924	925	925	926	926	927	927	928	928	929
8.5	929	930	930	931	931	932	932	933	933	934
8.6	934	935	936	936	937	937	938	938	939	939
8.7	940	940	941	941	942	942	943	943	943	944
8.8	944	945	945	946	946	947	947	948	948	949
8.9	949	950	950	951	951	952	952	953	953	954
9.0	954	955	955	956	956	957	957	958	958	959
9.1	959	960	960	960	961	961	962	962	963	963
9.2	964	964	965	965	966	966	967	967	968	968
9.3	968	969	969	970	970	971	971	972	972	973
9.4	973	974	974	975	975	975	976	976	977	977
9.5	978	978	979	979	980	980	980	981	981	982
9.6	982	983	983	984	984	985	985	985	986	986
9.7	987	987	988	988	989	989	989	990	990	991
9.8	991	992	992	993	993	993	994	994	995	995
9.9	996	996	997	997	997	998	998	999	999	1.000

〔4－5〕 下図のホッパ架台の強度検討項目について、下記の設問（1）、（2）に答えよ。（解答の単位はN，m）

条　件

内容物の質量　　2800 kg（比重：1.2）

ホッパの質量　　600 kg

短期水平地震係数　0.6

（1） X面の架台に加わる静荷重（解答図左）および、短期水平荷重（解答図右）のそれぞれのモーメント図を描き、上部コーナーの曲げモーメント及び反力を求めよ。（静荷重と短期水平荷重の合成は不要）

（2） Y面の架台に、静荷重及び短期水平荷重（矢印方向）が同時に加わるとき、脚に加わる曲げモーメント（モーメント図描く）及び反力を求めよ。

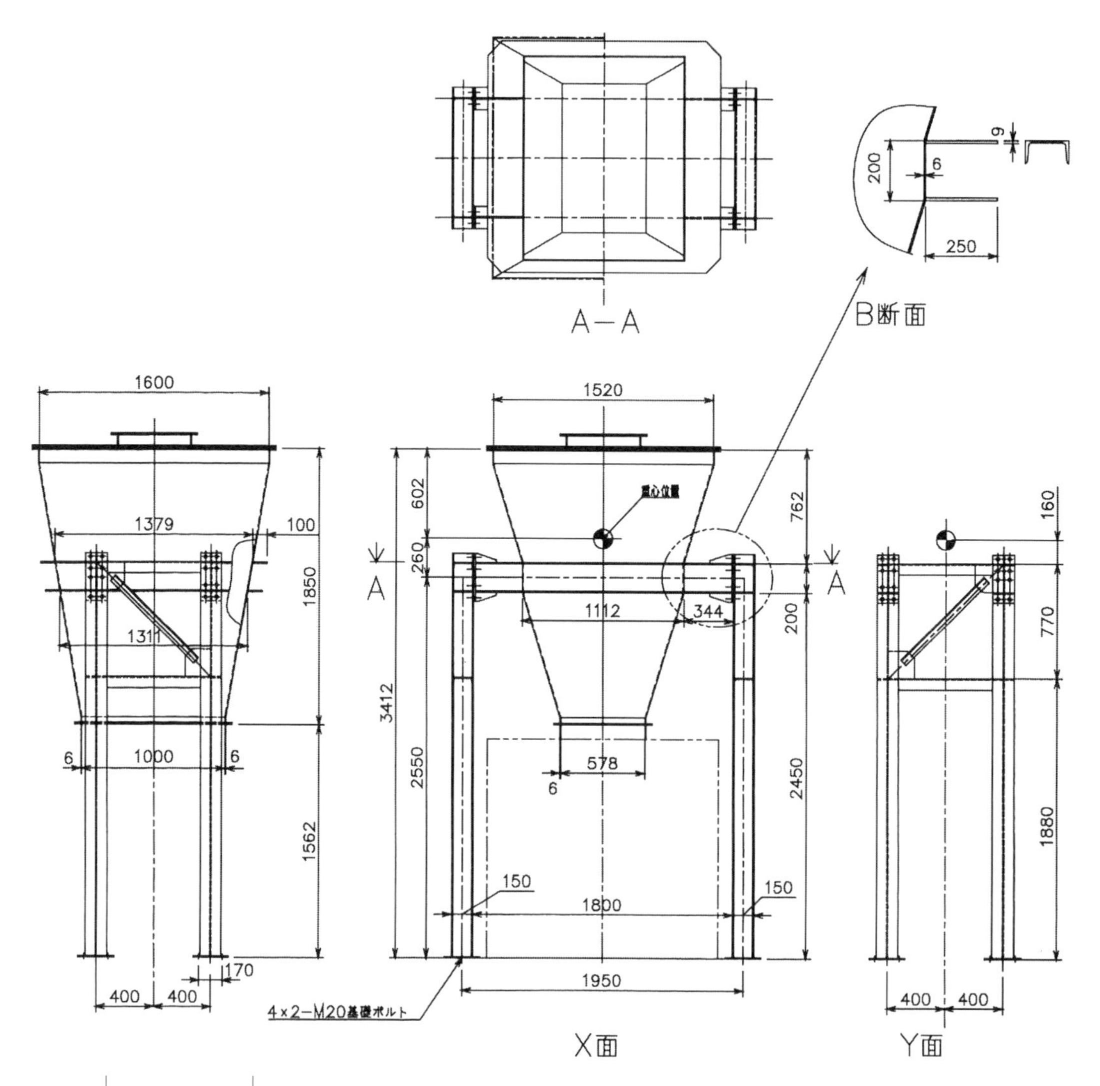

令和３年度

機械設計技術者試験
１級　試験問題 Ⅲ

第3時限（90分）

5. 小論文課題

令和3年11月21日実施

〔5．小論文課題〕

次の課題の中から１つを選び、機械設計技術者の立場で、技術面、管理運営面、後進の教育面の視点から、その対応策について1300字から1600字の間にまとめよ。

1．多様化するニーズに創造的で自主的に取組む設計技術者の育成について

近年、技術や科学の急激な進展により、設計情報の多様化・高度化が進み、設計の分業化による総合的経験が欠乏するなど、新しい産業を興すような力のある基礎技術への情熱・心構えが希薄になっている。これらの現状を踏まえ、先端製品の開発生産を視野に、多様化するニーズに創造的で主体的に取組む設計技術者の育成について、あなたの考えを述べなさい。

2．設計主体業務（本来業務）に専念するための方策について

設計業務を設計者側からみたとき、①主体業務、②付帯業務、③関連業務の３業務によって構成される。思考を対象とした設計の本来業務は①であり、設計者を①に専念させるための方策について、あなたの考えを述べなさい。

3．標準化が十分に行なわれなかった場合の損失について

設計の標準化とは“設計・製造部門ならびにそれらの関連部門の間で、互いに便利で、しかも利益が得られるように、設計の方法、手順、様式、用語などについて統一化、単純化をはかるための取り決めを決定すること”であるといわれる。設計業務多忙の中で、標準化が十分に実施されなかった場合には、どのような損失が生ずるか、あなたの考えを述べなさい。

令和３年度　１級　試験問題Ⅰ　解答・解説

（1. 設計管理関連課題　　2. 機械設計基礎課題　　3. 環境経営関連課題）

〔1. 設計管理関連課題〕

1－1　解答

A	B	C	D	E	F	G	H	I	J
⑨	⑬	①	③	⑭	②	⑦	④	⑤	⑪

解説

設計は、いつの時代でも市場情報･社内外の技術情報を分析し、製品の企画構想から、概念･詳細・生産設計、製造、検査、出荷のモノづくり基本プロセスに、その時々の経済・社会環境からくる諸条件ならびに制度・規制の変化にも対処し、それらを統括して作業を進める。

設計部門の役割は「より高い機能」「より安いコスト」「より短い納期」を追求し、顧客ニーズや目標とする条件をいかに満たすか計画し、アウトプットとしての計算書・仕様・図面・マニュアル等を作るために必要な情報を作成する思考作業そのものであるということができる。しかし、設計という仕事は、メーカーにおいては生産活動の一環であり、管理対象の枠外とすることは許されず、設計部門の生産性を高めて企業に貢献することが求められる。ここに企業経営における設計管理の必要性が生じてくる。

とくに近年、新技術開発の急速化、製品の高度化、多様化、複合化、製品ライフサイクルの短縮化が進む一方で、製造部門の海外移転、安全・環境への対応も重要となっており、設計の仕事量も増大している。このような状況から、質のよい設計を能率よく行う設計の効率化と適正な管理についての知識が必要となる。

1. 試験問題出題の基本

試験問題は、設計管理を専門とする人を対象とするのではなく、当試験を受験する設計の直接業務を行う技術者としての必要な知識について出題される。したがって、設計管理の基本と一般知識について出題されている。

2. 設計管理の学習について

設計管理については学校でも学ばず、参考となる書籍も少ないので、当試験を通じて基本的な事項を修得し、上級設計者としての総合的な能力を高めてほしい。これをベースとして、それぞれの設計の効率化について考え、効率の高い設計部門を創造することを期待している。

【参考】

設計管理と設計効率化の内容を次の**図 1**、**表 1** に示す。

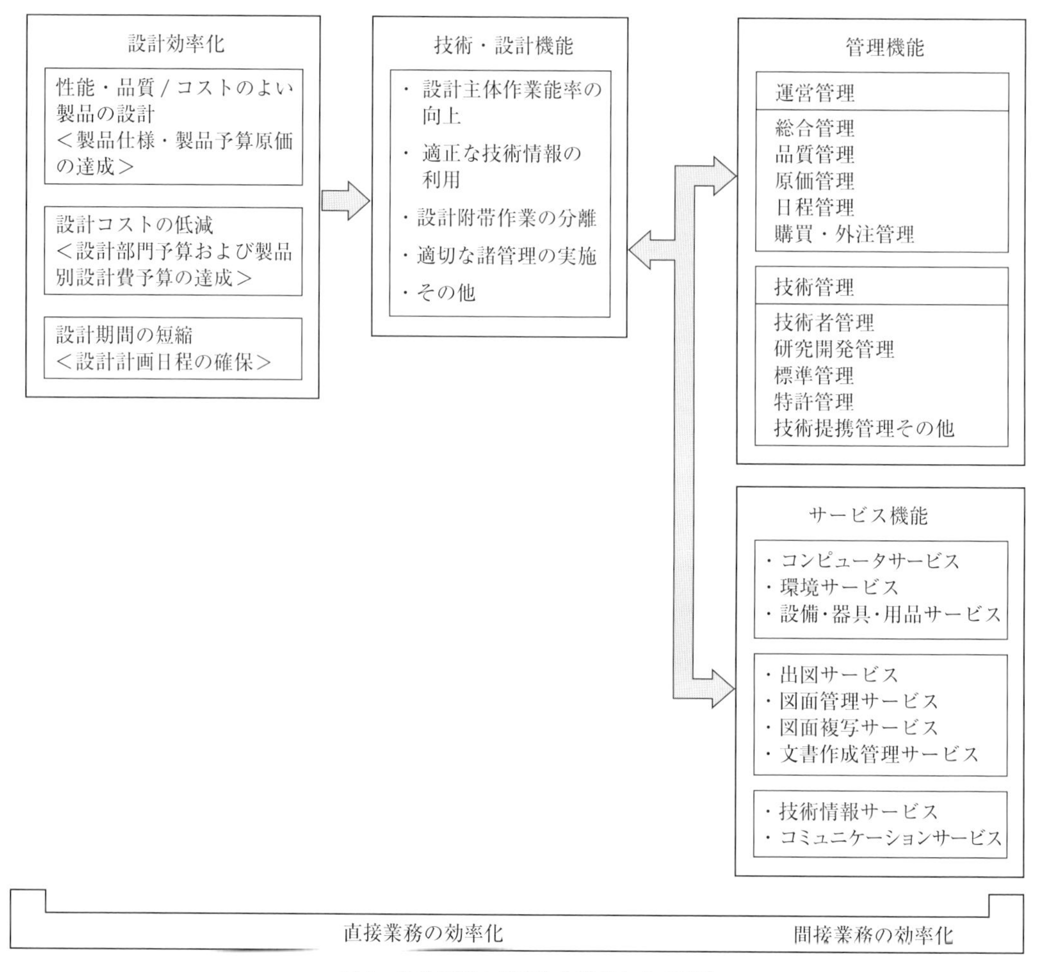

図 1　設計部門の効率化と機能および業務

表１ 設計部門効率化の施策

$$\text{設計効率化} = \frac{\text{設計対象の機能・コストの最適化，設計処理量の最大化}}{\text{設計注入資源・設計コストの最小化}}$$

設計効率化施策

分　類		項　目	具体策
設計部門の経営・管理総合システムの改善		企業の経営・管理システムに対応した設計部門システムの設定	企業の経営・管理の全体システムと連携した設計部門の経営管理システムの設定、CIM 対応など
設計組織の改善		企業全体組織に対応し、設計業務効率化のための組織の編成	製品別、技術分野別、作業別、プロジェクト別、設計部門内機能別の組織編成
設計者の能力の開発と活用		設計者の諸能力の開発と活用	基礎能力、技術能力、管理能力の開発プログラム、評価システム、スキルズインベントリ、適正配置
製品の品質・コストの改善と管理		設計における製品機能、品質の改善・保証、製品コスト改善と管理	企業の全体システムに対応した設計部門品質、コスト管理システム、デザインレビューシステム、VE/VA、検図システム
設計日程の改善と管理		設計日程の短縮と管理	企業の全体システムに対応した設計部門日程管理システム、エンジニヤリングスケジュール管理（PERT など）
設計作業能率の向上	設計業務の改善	設計業務の合理化 設計・製図作業の能率化 文書作成の能率化	非技術的作業の排除・分離・非創造的作業の能率化、コンピュータ利用による設計計算および図形処理の自動化・高精度化（CAE/CAD）、各種文書作成の能率化（パソコンなどの利用）
	器具、用品、設備、環境の改善	設計器具、用品類の改善 設計作業配置、環境の改善	設計計算、製図作業用の器具・用品の改善、設計作業エリアを中心とした、附帯エリアを含む設計部門のレイアウトの改善、環境の改善
技術標準化の推進		標準化による設計業務の改善	“物の標準”（製品、部品、材料）と、“方法の標準”（設計法、製図法その他）の標準化の推進と管理
技術情報の効率的流通		技術情報システムの改善	設計における技術情報の収集、保管、検索・利用システムの合理化、コンピュータ、各種メディアの効果的利用
図面管理の改善		図面の登録・保管・利用の合理化	原図の登録（図番）－保管－利用の合理化 図面複写の合理化 複写図の利用目的別管理の合理化 図面変更管理の改善
出図・生産手配システムの改善		出図システムの改善	出図システムの改善、コンピュータ利用による図面、部品表の発行、管理
		生産手配の改善	材料・加工など生産手配、指示システムの改善

基礎工学・個別工学・技術の高度化

設計部門直接機能の改善
・技術・設計機能

設計部門間接機能の改善
・スタッフ機能
・サービス機能

1－2　解説

ここ数年のコロナ禍における社会の混乱には目を覆うものがある。問題の中にもあるように飲食業、旅行業、宿泊業などへの影響は連日のようにニュース等で伝えられているが、製造工場などの詳細な状況はわかりにくい。コロナの感染拡大でパソコンやスマートフォンのニーズが高まったことから、半導体不足が原因で世界の自動車生産が減産に追い込まれたなどの記事を目にする。

今回のコロナ災害の特徴は、目に見えないこととグローバル災害である点である。地震、火災、水害などの目に見える災害では、設備破壊からの復旧や代替生産、さらにはサプライチェーンの復旧などが対策の焦点であり、阪神淡路、東日本大震災においてもわが国の製造業は優れた対応力をみせた。

今回の設問では、今までにあまり体験したことのないウィルスに対する製造業の姿勢を問う課題になっている。課題（1）ではウィルス感染による影響を、（2）では予防対策を問うているが、それらは裏腹の関係にあることを考慮しながら記述すればよい。以下にいくつかのヒントを箇条書きに記しておくので、これに自社の状況を肉付けして解答するようにしたい。

（1）ウィルス感染による製造業へ与える影響

・職場内でクラスターが発生すると、生産がストップする。

・一部の部署が止まることで、ラインの停止、さらには工場全体のロックダウンにつながる。

・国内だけでなく世界中のサプライチェーンの崩壊が発生する。

・日本の得意とするface to faceの情報交換によるモノづくりが困難となる。

その他

（2）設計業務を含めた生産業務での対策

・世間でいわれている感染対策を従業員に徹底する。

・外部のウィルスが工場内に侵入することを防御する仕組みを確立する。

・操業が不可能となった時の代替の生産方式を準備しておく。

・サプライチェーンの確保を事前に行う。ウィルスはグローバルに拡大していくことから、サプライチェーンの分散化を行い、リスクの低減化を行う。

・工場の分散化においては、製造製品の重要度によって地域をクラス分けする。

・人と人の接触機会を減らすための業務のリモート化を推進する。設計業務は比較的実施しやすいと思われるが、効率的に業務が進められるようなデータ管理などの体制を準備しておく。

・モノづくりの現場はリモート化が難しいと思われるが、IoTを活用した自動化さらには無人化に向けた生産システムを構築する。

・スマート工場の実現に向けては、コロナ以前からインダストリ 4.0、第５次産業革命などで推進されてきているので、延長線上でのスピードアップが求められる。この中で設計と現場のつながる関係であるデジタルツインの促進が必要となる。

その他

現在コロナ対策として行っているさまざまなシステム構築は、そのままコロナ終息後の工場改善に引き継がれるはずである。企業にとっては今は苦しいときであるが、これを乗り越えた先には遅れていたわが国の情報化が、世界に肩を並べられる水準に到達する可能性がある。設計技術者１級を目指す方々には、ぜひその中心となる任務を果たしていただくことを期待する。

〔2. 機械設計基礎課題〕

2－1　解答・解説

軸にねじりモーメントを作用させたとき、軸は一様にねじられる。ねじりモーメントの大きさは、軸 d_1 部、軸 d_2 部とも同じなので、せん断応力の大きさは、直径の 3 乗に反比例する。軸 d_1 部応力 10［MPa］から軸 d_2 部のせん断応力を求める。

したがって、軸 d_2 部のせん断応力 τ_{d2} は、次のとおりになる。

$$\tau_{d2} = \tau_{d1} \times \left(\frac{d_1}{d_2}\right)^3 = 10 \times \left(\frac{500}{250}\right)^3 = 10 \times 2^3 = 80 \text{［MPa］}$$

次に、段付き部の応力集中係数 K を求める。

条件より

$$\frac{d_1}{d_2} = \frac{500}{250} = 2$$

$$\frac{2r}{d_2} = \frac{2 \times 22.5}{250} = \frac{45}{250} = 0.18$$

上記計算値から応力集中係数 K は、下図より $K = 1.5$ となる。

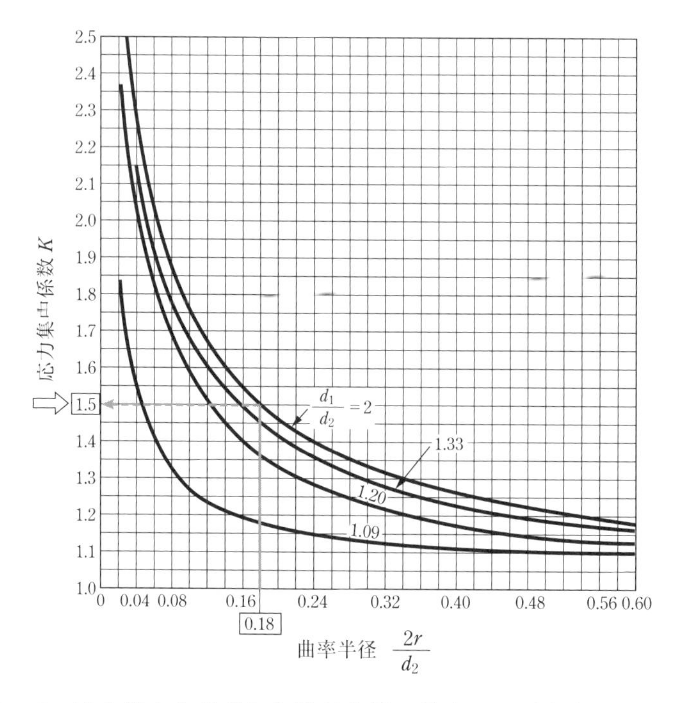

したがって、応力集中を考慮した段付き軸の最大せん断応力 τ_{max} は、次のとおりになる.

$$\tau_{max} = \tau_{d2} \times K = 80 \times 1.5 = 120 \text{［MPa］}$$

答　$\tau_{max} = 120$［MPa］

2－2　解答・解説

（1）　このベルトプーリに許容できる伝達動力 P［kW］

問題で与えられた計算式①に μ、θ、w の条件値を代入して T_1、T_2 の関係式を求める。

$$\frac{T_2 - w \cdot v^2}{T_1 - w \cdot v^2} = e^{\mu\theta} \qquad \cdots\cdots ①$$

$$P = (T_2 - T_1) \times v \qquad \cdots\cdots ②$$

《条件値》

$e^{\mu \cdot \theta} = e^{0.3 \times 2.1} = e^{0.63} = 1.87761$

$w = 0.2$［kg/m］

$v = 10$［m/s］を代入して整理すると、

$$T_1 = \frac{T_2 - 20}{1.8776} + 20 \qquad \cdots\cdots ③$$

張り側の張力 T_2 を許容張力 F に等しくすべきであるので、

$T_2 = F = 294$［N］

これを式③に代入すると、

$$T_1 = \frac{T_2 - 20}{1.8776} + 20 = \frac{294 - 20}{1.8776} + 20 = 165.93 \text{［N］}$$

となる。

したがって、許容できる伝達動力 P［kW］は、次のとおりになる。

$$P = (T_2 - T_1) \times v = (294 - 165.93) \times 10 = 1280.7 \text{［N・m/s］}$$

$$= \frac{1280.7}{1000} = 1.28 \text{［kW］}$$

答　$P = 1.28$［kW］

（2）　駆動トルク T_D

$T_D = (T_2 - T_1)\dfrac{D}{2}$ の式に

$(T_2 - T_1) = (294 - 165.93) = 128.7$［N］、$D = 0.4$［m］を代入して計算する。

$$T_D = (294 - 165.93) \times \frac{0.4}{2}$$

$\therefore \quad T_D = 25.614$［N・m］

答　$T_D = 25.614$［N・m］

1級 解答・解説

（3） 伝達可能な動力が最大になるベルト速度 v_1 ［m/s］、最大伝達可能動力 P_{max} ［kW］

問題の式①、②より $T_2 = F$ とすると

$$P = F \cdot v \left(\frac{e^{\mu\theta} - 1}{e^{\mu\theta}} \right) \times \left(1 - \frac{w \cdot v^2}{F} \right) \qquad \cdots\cdots④$$

が得られる。

式④をさらに整理すると

$$P = F \left(\frac{e^{\mu\theta} - 1}{e^{\mu\theta}} \right) \times \left(v - \frac{w \cdot v^3}{F} \right)$$

次に v の変化に対して P が最大となる v を求める。

$$\frac{\mathrm{d}P}{\mathrm{d}v} = F \left(\frac{e^{\mu\theta} - 1}{e^{\mu\theta}} \right) \left(1 - 3\frac{w}{F} v^2 \right) = 0 \text{ となる } v = v_1 \text{ は}$$

$\left(1 - 3\dfrac{w}{F} v^2 \right) = 0$ となる速度が最大速度なので、

求める式は次の式⑤になる。

$$v_1 = \sqrt{\frac{F}{3w}} \qquad \cdots\cdots⑤$$

式⑤に、条件値（$w = 0.2$ ［kg/m］）、（$F = 294$ ［N］）を代入すると、

伝達可能な動力が最大になるベルト速度 v_1 ［m/s］が得られる。

$$v_1 = \sqrt{\frac{294}{3 \times 0.2}} = \sqrt{490} = 22.136 \text{ [m/s]}$$

答　$v_1 = 22.136$ ［m/s］

さらに、この v_1 に対しての T_1 を求める。

$$\frac{T_2 - w \cdot v^2}{T_1 - w \cdot v^2} = \frac{294 - 0.2 \times 22.136^2}{T_1 - 0.2 \times 22.136^2} = e^{\mu\theta}$$

$$\frac{294 - 98}{T_1 - 98} = 1.87761$$

$$\therefore \quad T_1 = \frac{294 - 98}{1.87761} + 98 = 202.39 \text{ [N]}$$

$T_2 - T_1 = 294 - 202.39 = 91.61$ ［N］となり

求める最大可能動力 P_{max} は、次のとおりとなる。

$$P_{max} = 91.61 \times 22.136 \text{ [N·m/s]} = 2027.88 \text{ [N·m/s]} \fallingdotseq 2.03 \text{ [kW]}$$

答　$P_{max} = 2.03$ ［kW］

2－3　解答・解説

①、②の間に、ベルヌーイの定理より次式が成り立つ。

$$\frac{\rho \cdot v_1^2}{2} + p_1 + \rho \cdot g \cdot z_1 = \frac{\rho \cdot v_2^2}{2} + p_2 + \rho \cdot g \cdot z_2$$

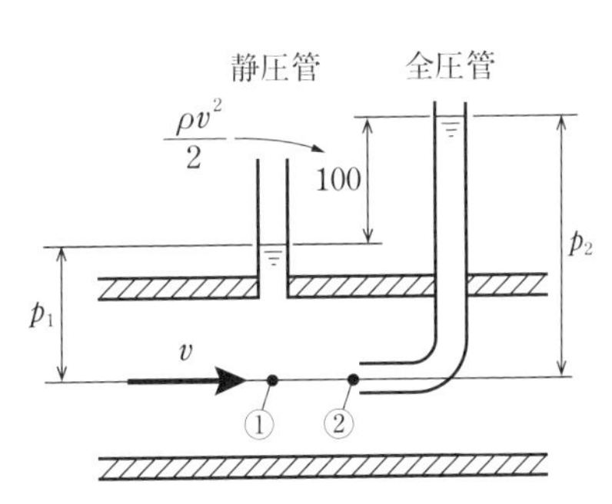

ここで、$v_1 = v$、$v_2 = 0$、$z_1 = z_2$ なので

$$\frac{\rho v^2}{2} + p_1 = p_2$$

$$\frac{\rho v^2}{2} = p_2 - p_1$$

$$v = \sqrt{\frac{2(p_2 - p_1)}{\rho}}$$

したがって、$p_2 - p_1 = \rho gh$　$(h = 0.1\,\mathrm{m})$ より

$$v = \sqrt{\frac{2(p_2 - p_1)}{\rho}} = \sqrt{2gh} = \sqrt{2 \times 9.8 \times 0.1} = 1.4\ [\mathrm{m/s}]$$

答　$v = 1.4\ [\mathrm{m/s}]$

1級 解答・解説

〔3. 環境経営関連課題〕

解説

2020年10月の菅首相のカーボンニュートラル宣言により、地球温暖化防止対策は低炭素から脱炭素へと急激に動き出した。IPCCの第6次報告書では、「人間の影響が大気、海洋及び陸域を温暖化させてきたことには疑う余地がない」と述べており、温暖化の原因は人間にあることが確実になってきている。また、今世紀中の気温の上昇を2℃（できれば1.5℃）に抑える必要があるというパリ協定の目標に対し、現状ですでに1℃以上上昇してしまっており、将来の世代のためにも、早急な対策が必要な状況である。

問題の図を見れば、最近は温室効果ガスの排出量は減少傾向ではあるが、温暖化ガスの排出量を2050年までに実質ゼロにするというカーボンニュートラルの目標を実現するには、たいへんに高いハードルがあることがわかる。

発電を化石燃料で行っている限りは大量の温室効果ガスが出てしまう。火力発電を減らし再生可能エネルギーを増やすことが重要であるが、太陽光発電や水力発電、風力発電などの再生可能エネルギーが全体に占める割合はまだ20%程度と低く、コストが高く発電量が天気に左右されてしまい安定しないという問題点がある。原子力発電は温室効果ガスを排出しないが、放射性廃棄物の処理や事故の危険性がある。そのため、最近では二酸化炭素を排出しない水素やアンモニアを燃料にすることも考えられている。

市民としては、電気や化石燃料等のエネルギー消費を抑えた生活が求められる。このためには、省エネ型電気製品の利用、空調の温度設定緩和、電気自動車等の燃費のよい自動車への更新、省エネ性能の高い建物の建築などに努めていく必要がある。

また、今後の機械設計においては、温室効果ガス削減ができるように以下の点が求められるものと考えられる。

・長寿命の機械を設計する

・使用時のエネルギー消費量が少ないものとする

・廃棄時にリサイクル（再資源化）しやすいものとする

機械設計技術者としては、環境に配慮した設計を行うことにより温室効果ガス削減に貢献することができる。今後そのためにも最新の情報を収集し、技術の研鑽を進めていってほしい。

令和３年度　１級　試験問題Ⅱ　解答・解説

（4. 実技課題）

〔4. 実技課題〕

〔4 − 1〕 解答・解説

（１） 下記使用条件における選定ボールねじの寿命時間 L_{h1}

ボールねじの総回転数

C_a：基本動定格荷重　94900［N］

F_a：負荷軸方向荷重　$F_a = F_w + f = 26460 + 196 = 26656$［N］

f_w：荷重係数　1.2

$$回転数：n = \frac{速度\ [mm/s]}{リード\ [mm/rev]}$$

$$= \frac{50}{10} = 5\ [sec^{-1}] \rightarrow 300\ [min^{-1}]$$

$$L_{h1} = \frac{10^6}{60n} \times \left(\frac{C_a}{F_w \times F_a} \right)^3$$

$$= \frac{10^6}{60 \times 300} \times \left(\frac{94900}{1.2 \times 26656} \right)^3 = 1450.8\ [h]$$

答　$L_{h1} = 1450$［h］

（２） アンギュラ玉軸受の列数および配列を決定して、寿命時間 L_{h2}［h］を計算する。

1) 下降および上昇時、アンギュラ玉軸受に作用する動等価荷重 P［N］を求める。

設問の添付資料より動等価荷重のラジアル荷重係数 X を 0.92、アキシアル荷重係数 Y を１とすると、動等価荷重 P は、次のようになる。

（下降時）

$$P = X \cdot F_r + Y \cdot F_a$$

$$= 0.92 \times 400 + 1 \times 26656 = 27024\ [N]$$

（上昇時）

$$P = X \cdot F_r + Y \cdot F_a$$

$$= 0.92 \times 400 + 1 \times 196 = 564\ [N]$$

１級 解答・解説

2）次に、下記使用条件における下降および上昇時、アンギュラ玉軸受に必要な基本定格荷重 C_a'［N］を求める。

【使用条件】

稼働時間：400 × 1.5 × 12 = 7200 時間

ボールねじ回転数 n：n = 5 × 60 = 300［min^{-1}］

$$L_h = \frac{10^6}{60n} \times \left(\frac{C_a}{P}\right)^3 \Rightarrow C_a' = \left(\frac{L_h \times 60 \times n}{10^6}\right)^{1/3} \times P$$

（下降時）

$$C_a' = \left(\frac{L_h \times 60 \times n}{10^6}\right)^{1/3} \times P$$

$$= \left(\frac{7200 \times 60 \times 300}{10^6}\right)^{1/3} \times 27024 = 136755.3 \ [\mathrm{N}]$$

（上昇時）

$$C_a' = \left(\frac{L_h \times 60 \times n}{10^6}\right)^{1/3} \times P$$

$$= \left(\frac{7200 \times 60 \times 300}{10^6}\right)^{1/3} \times 564 = 2854.2 \ [\mathrm{N}]$$

3）下降および上昇時、アンギュラ玉軸受に必要な基本定格荷重値は、下降時 C_a' = 136755.3［N］、上昇時 C_a' = 2854.2［N］になるので、これを超えた値となる列数・配列を、添付資料より選定する。

『55TAC100』と仮定すると、基本定格荷重値が下降時：3 列（C_a = 142000［N］）、上昇時：1 列（C_a = 66000［N］）が近似値であるので、列数と配列は、⑥ 4 列（3 対 1）として、その寿命時間 L_{h2}［h］を求める。

4）寿命時間 L_{h2}

$$L_{h2} = \frac{10^6}{60n} \times \left(\frac{C_a}{P}\right)^3$$

$$= \frac{10^6}{60 \times 300} \times \left(\frac{142000}{27024}\right)^3 = 8060.2 \ [\mathrm{h}]$$

答　L_{h2} = 8060［h］

〔4－2〕 **解答・解説**

（1）プーリAの回転速度N_Aは減速機モータ回転数の1/30に減速されるため、

$$N_A = 20 \times 1/30 = 20/30 = 2/3\ \mathrm{sec}^{-1}$$

ターンテーブルAは、ターンテーブルBに付けられたローラにより、2倍に増速されるため、プーリBの必要回転速度は、1/2 secとなる。

したがって、プーリBの歯数は、次のとおりになる。

$$\text{プーリBの歯数} = (\text{プーリAの歯数})\ 48 \times (\text{回転速度比})\ \frac{(2/3)}{(1/2)} = 64\ \text{枚}$$

答　プーリBの歯数　64枚

（2）ターンテーブルAを停止から0.1秒で1 sec^{-1}にするのに必要なモータトルクを求めるために、まず個々の慣性モーメントを求める。

$$\text{ワークの慣性モーメント}：J_{01} = \frac{1}{4} w\left(\frac{1}{2} D^2 + 4Re^2\right) \times 4 = w\left(\frac{1}{2} D^2 + 4Re^2\right)$$

$$= 0.2 \times \left(\frac{(0.1)^2}{2} + 4 \times \left(\frac{0.110}{2}\right)^2\right)$$

$$= 0.2 \times (0.005 + 4 \times 0.055^2) = 0.2 \times 0.0171$$

$$= 0.00342 = 3.42 \times 10^{-3}\ [\mathrm{kg \cdot m^2}]$$

ターンテーブルAの慣性モーメント：$J_{02} = 1/8 \times 3 \times 0.22^2 = 0.01815\ [\mathrm{kg \cdot m^2}]$

ターンテーブルBの慣性モーメント：$J_{03} = 1/8 \times 3.3 \times 0.188^2 = 0.01458\ [\mathrm{kg \cdot m^2}]$

ほかの部品の慣性モーメントは、《条件》より次のとおりである。

① ローター（モータの回転子）の慣性モーメント：

$$J_m = 40 \times 10^{-7}\ [\mathrm{kg \cdot m^2}]\quad (\text{モータ軸換算値})$$

② 減速機の慣性モーメント：$J_G = 20 \times 10^{-7}\ [\mathrm{kg \cdot m^2}]$　（モータ軸換算値）

次に、全体のモータ軸換算の慣性モーメントJを求める。

ワークとターンテーブルAのモータに対する減速比をi_A、ターンテーブルBのモータに対する減速比をi_Bとすると、全体のモータ軸換算の慣性モーメントJは次のようになる。

$$J = (J_{01} + J_{02}) \times i_A^2 + J_{03} \times i_B^2 + J_m + J_G$$

$$= (3.42 \times 10^{-3} + 0.01815) \times (1/20)^2 + 0.01458 \times (1/40)^2 + 40 \times 10^{-7} + 20 \times 10^{-7}$$

$$= 6.904 \times 10^{-5}\ [\mathrm{kg \cdot m^2}]$$

必要なモータトルク $T = J \cdot \alpha$

角加速度 $\alpha = 2\pi \times \text{回転数}／\text{加速時間} = 2\pi \times 20 / 0.1 = 400\pi\ [\mathrm{rad/s^2}]$

$T = 6.904 \times 10^{-5} \times 400\pi = 0.087\ [\mathrm{N \cdot m}]$

答　$T = 0.087\ [\mathrm{N \cdot m}]$

1級 解答・解説

〔4 − 3〕 解答・解説

（1）1分間の搬送数

$$N = \frac{v}{p} = \frac{21}{0.7} = 30 \text{ 個}$$

答　30［個］

（2）ベルト張力

$$P = 3MgP_1 + (3V + M)g\mu$$

$$= 3 \times 60 \times 9.8 \times \sin 30^\circ + (3 \times 60 \times \cos 30^\circ + 60) \times 9.8 \times 0.12$$

$$= 882 + 254 = 1136 \text{ N}$$

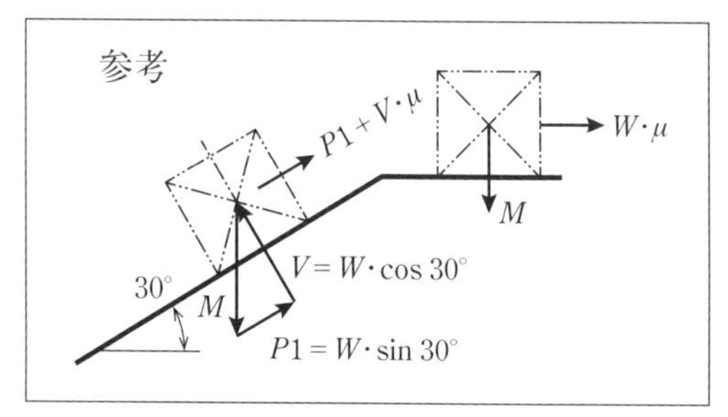

プーリの負荷トルク

$$T = P \times \frac{D}{2}$$

$$= 1136 \times \frac{20}{2} = 11360 \text{ N・cm}$$

答　ベルト張力　1136［N］

負荷トルク　11360［N・cm］

（3）駆動チェーン張力

$$P_t = \frac{T}{14.6/2} = \frac{11360}{7.3} = 1556 \text{ N}$$

答　1556［N］

（4）荷重 $R_A = \sqrt{水平荷重^2 + 垂直荷重^2}$ ……………A点

$$水平荷重 = \frac{P}{2} = \frac{1136}{2} = 568 \text{ N}$$

$$垂直荷重 = \frac{1556 \times 720}{640} = 1750 \text{ N}$$

$$R_A = \sqrt{568^2 + 1750^2} = 1840 \text{ N}$$

$$R_D = \sqrt{水平荷重^2 + 垂直荷重^2}$$ ……………D点

水平荷重 = 568 N

垂直荷重 = 1556 − 1750 = − 194 N

または $\left(= \frac{1556 \times 80}{640} = 194 \text{ N}\right) = \sqrt{568^2 + 194^2} = 600 \text{ N}$

答　A点　1840［N］

D点　600［N］

(5) B点の曲げモーメント

水平方向 $M_H = 568 \times 12 = 6816$ N·cm

垂直方向 $M_V = 194 \times 52 = 10088$ N·cm

合成モーメント

$\Sigma M_B = \sqrt{6816^2 + 10088^2}$

$= 12174$ N·cm

答 12174 [N·cm]

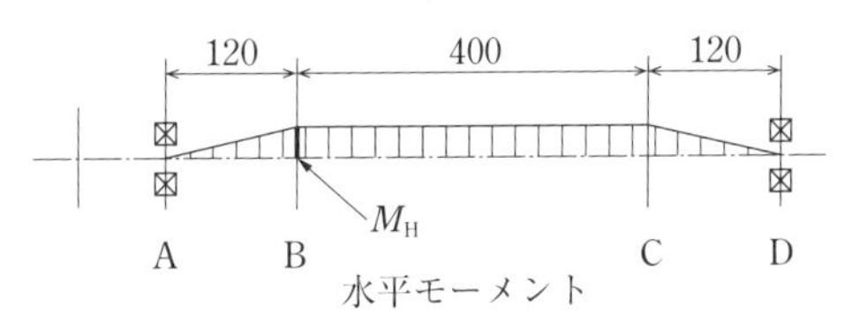

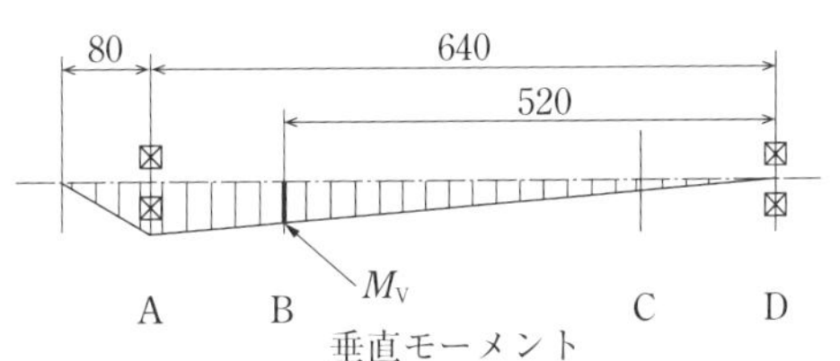

〔4－4〕 解答・解説

(1) $L_2 = L_1 - 20\log_{10}(r)$

$= 90 - 20\log_{10}(10) = 90 - 20 = 70$ dB

答 70 [dB]

(2) $\delta = 2(4.25 \times \sqrt{2}) - 8.5$

$= 12 - 8.5 = 3.5$

フレネル数

$$N = \frac{1}{170}\delta f$$

$$= \frac{1}{170} \times 3.5 \times 500 = 10.3$$

グラフからの減音量

$= 19$ dB 答 19 [dB]

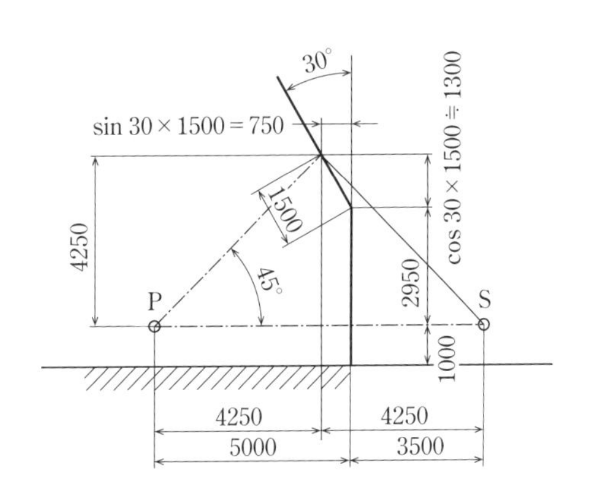

(3)

1) $A = \alpha S$

S = 吸音材の面積

$= [(4 + 3) \times 2 \times 2] + (4 \times 3) = 40$ m^2

$A = 0.6 \times 40 = 24$ m^2

2) $R_C = \alpha S/(1 - \alpha) = 24/(1 - 0.6) = 60$ m^2

3) $Lr = Lw + 10\log\{4/(\alpha S)\} = 90 + 10\log\{4/24\} = 82.2$ dB

4) 鋼板の密度 ρ：7800 kg/m^3

厚み $t = 0.0045$ m

1級 解答・解説

面密度 $m = 7800 \times 0.0045 = 35.1\ \mathrm{kg/m^3}$

透過損失 $TL = 18 \log (35.1 \times 500) - 44$

$= 76.2 - 44 = 32.2\ \mathrm{dB}$

答　$A = 24$ [$\mathrm{m^2}$]

$Rc = 60$ [$\mathrm{m^2}$]

$Lr = 82.2$ [dB]

$TL = 32.2$ [dB]

〔4－5〕 解答・解説

（1）X 面（－面）

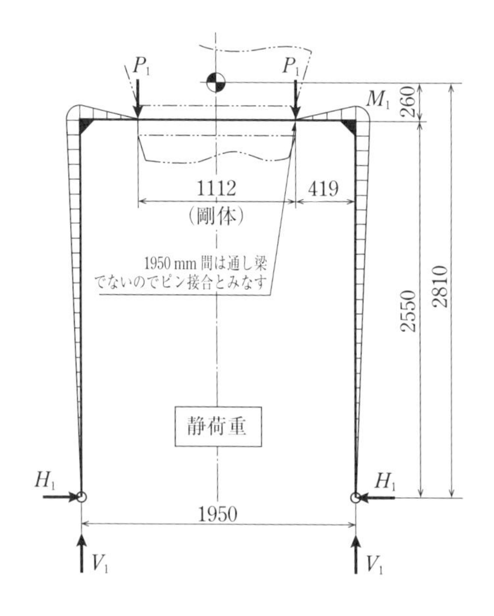

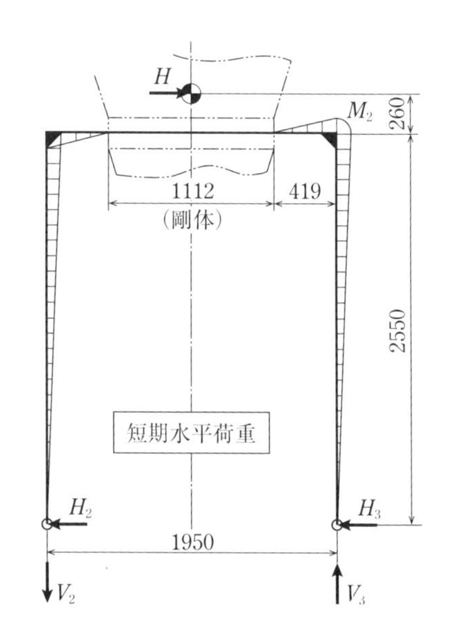

$$P_1 = \frac{(2800 + 600)}{2 \times 2} \times 9.8 = 8330\ \mathrm{N}$$

$$V_1 = P_1 = 8330\ \mathrm{N}$$

$$H_1 = \frac{8330 \times 0.419}{2.55} = 1369\ \mathrm{N}$$

$$M_1 = 8330 \times 0.419 = 3490\ \mathrm{N \cdot m}$$

$$(M_1 = 1369 \times 2.55 = 3490\ \mathrm{N \cdot m})$$

答　$M_1 = 3490\ \mathrm{N \cdot m}$

$V_1 = 8330\ \mathrm{N}$

$H_1 = 1369\ \mathrm{N}$

$$H = \frac{(2800 + 600)}{2} \times 9.8 \times 0.6 = 9996\ \mathrm{N}$$

$$H_2 = H_3 = \frac{9996}{2} = 4998\ \mathrm{N}$$

$$M_2 = 4998 \times 2.55 = 12745\ \mathrm{N \cdot m}$$

$$V = \pm \frac{9996 \times 2.81}{1.95} = \pm 14404\ \mathrm{N}$$

答　$H_2 = H_3 = 4998\ \mathrm{N}$

$M_2 = 12745\ \mathrm{N \cdot m}$

$V_2 = -14404\ \mathrm{N}$

$V_3 = 14404\ \mathrm{N}$

（2）Y面（－面）静荷重、短期水平荷重

$$P_2 = \frac{(2800 + 600)}{2} \times 9.8 = 16660\ \mathrm{N}$$

$$H = 16660 \times 0.6 = 9996\ \mathrm{N}$$

$$H_4 = \frac{9996}{2} = 4998\ \mathrm{N}$$

$$-V_4 = \frac{16660}{2} - \frac{9996 \times 2.81}{0.8}$$

$$= 8330 - 35110 = -26780\ \mathrm{N}$$

$$V_5 = 8330 + 35110 = 43440\ \mathrm{N}$$

$$M_3 = 4998 \times 1.88 = 9396\ \mathrm{N \cdot m}$$

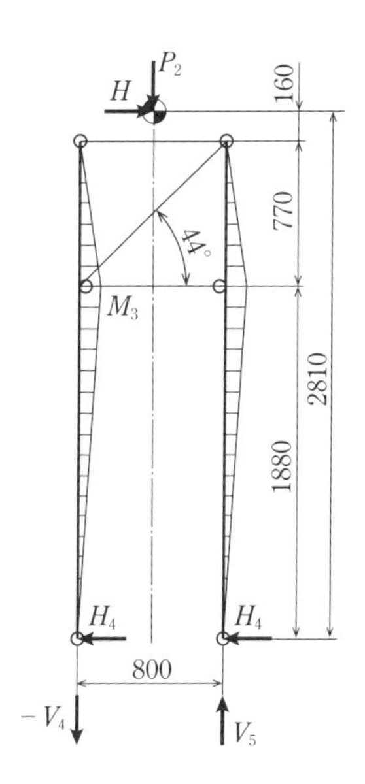

答　$M_3 = 9396\ \mathrm{N \cdot m}$

$H_4 = 4998\ \mathrm{N}$

$-V_4 = -26780\ \mathrm{N}$

$V_5 = 43440\ \mathrm{N}$

1級 解答・解説

令和３年度　１級　試験問題Ⅲ　小論文作成の手引き

解答の文例を示すよりも、「どのようにまとめるのか」のほうが役立つと思われるので、ここでは作成のポイントを中心に述べることにする。

1　なぜ小論文が出題されるか

設計技術者に必要とされる具備条件に対して、必須の基本的な知識は選択科目以外の基礎科目で試され、また、応用力・創造力・決断力などは応用・総合課題としての選択科目で問われる。しかし、これだけでは充分でない。

たとえば、設計者としてのセンス、事象の分析・洞察力、将来への予知・展望、責任に対する自覚、社会への認識などの総括的な能力・資質が欠けてはならない。これらがこの小論文によって評価されるものと認識して、心して対応すべきであろう。

2　作成上の留意点

小論文を作成するには、次の点に留意するとよい。

○　主題の適正さ	○　文章の構成、展開
○　論旨の明確さ	○　自分自身の見解
○　内容の新鮮さ	○　将来的展望
○　説得力	○　誤字、脱字

出題には複数のテーマ（問題）があり、その内の一つを選択することになっているが、まずどれを選ぶかの目安としては、日常の生活の中で一番関心を持ち、興味をいだいているものがよいと思う。草案に多くの時間をかけることなく書き始められ、具体性があり、説得力をもった論旨が進められるからである。

また、出題が大きなテーマの場合は、いわゆる副題を設けることができるケースがあると予測される。この場合は、題意をよく理解して的を絞り込んだ副題を自分で決め、このことについて論旨を進めるとよい。

ここで重要なのは、単なる一般的な説明や通説ではなく、自分自身の見解をしっかりと述べることである。このことについて、将来への予知に触れることができれば、さらに評価も高まることになるであろう。

3　文の構成

よく引き合いに出される「起承転結」（本来は漢詩の構成法の一つ）がわかりやすいので、次に示す。

起　この場合は、小論文の主張点（主題）を指す。何について述べるのか、何のこの点について述べるのかを簡潔に、明確に示す。

承　上記についておよその説明をここで述べる。現状や世論、定説などを含めるとよいが、あくまでも導入部であるから、あまり長くならないほうがよい。

転　ここで、自分自身の考えを自由に、また存分に述べる。現状や一般論についての批判だけでなく、これを基に分析力・洞察力を駆使して、自らの考えを展開させる。

結　上記についての最終的な結論を下す。いうまでもなく悲観的、後退的なものでなく、希望的、積極的な方向でまとめることが望ましい。将来への予知･展望は、ここに含めると、まとめやすいと思う。

これはまとめ方の一つの例であり、必ずしもこのとおりでなくてもよい。たとえば、結論を先に示しておく構成もある。どのような構成にすれば、読者（この場合は審査員）により強く訴えることができるか。受験者自身が決めることである。

4　その他

時間が限られているが、書き終わった後に添削するための読み返し時間は、必ず残しておくようにする。

また、文章に弱いといわれる人には、急に上手になるのは難しいので、日頃のたゆまぬ努力が必要である。もっとも効果的な方法として、まず、毎日の新聞（一般紙）をよく見ること、一つの社会のテーマについての連載記事をよく読むこと、技術系月刊誌の随筆やリポートに親しんでおくこと。そしてその後、自分で適当なテーマをみつけては、臆せずに繰り返し書き続けることである。

＜編者紹介＞

一般社団法人　日本機械設計工業会

1984 年 5 月、任意団体設立。通産省（当時）からの要請を受け、機械設計企業団体の全国統合が実現。

1989 年 4 月、社団法人化。通産省（当時）において機械設計業界唯一の公益法人として認可。機械設計業界の発展とともに社会、国民生活の向上を目的に設立された団体。

全国に 5 つの支部を設置。地域活動から全国規模で開催される試験・研修会などの公共性の高い活動まで幅広く実施。

1996 年 3 月　第 1 回　機械設計技術者 1 級、2 級試験実施

1998 年 11 月　第 1 回　機械設計技術者 3 級試験実施

団体の会員数（2022 年 4 月現在）

正会員 67 社（機械設計企業）

賛助会員 7 社（趣旨に賛同の機械設計以外の企業が対象）

本部事務局：東京都中央区新川 2－6－4　新川エフ 2 ビルディング 4F

2022 年版 機械設計技術者試験問題集

2022 年 8 月 10 日　　第 1 版第 1 刷発行

編　　者　一般社団法人 日本機械設計工業会
発 行 者　村 上 和 夫
発 行 所　株式会社 オーム社
　　　　　郵便番号　101-8460
　　　　　東京都千代田区神田錦町 3-1
　　　　　電話　03(3233)0641(代表)
　　　　　URL　https://www.ohmsha.co.jp/

印刷・製本　精文堂印刷
ISBN978-4-274-22903-9　Printed in Japan